新\时\代\中\华\传\统\文\化
▪知识丛书▪

中华自然遗产

U0318431

主编◎李燕 罗日明

海豚出版社
DOLPHIN BOOKS
CICG 中国国际传播集团

图书在版编目（CIP）数据

中华自然遗产 / 李燕 , 罗日明主编 . –– 北京 : 海
豚出版社 , 2023.2（2024.2 重印）
（新时代中华传统文化知识丛书）
ISBN 978-7-5110-6267-3

Ⅰ . ①中… Ⅱ . ①李… ②罗… Ⅲ . ①自然遗产 – 中
国 – 普及读物 Ⅳ . ① S759.992–49

中国版本图书馆 CIP 数据核字（2023）第 012199 号

新时代中华传统文化知识丛书

中华自然遗产

李　燕　罗日明　主编

出 版 人	王　磊
责任编辑	张　镛
封面设计	郑广明
责任印制	于浩杰　蔡　丽
法律顾问	中咨律师事务所　殷斌律师
出　　版	海豚出版社
地　　址	北京市西城区百万庄大街 24 号
邮　　编	100037
电　　话	010-68325006（销售）　010-68996147（总编室）
印　　刷	河北鑫玉鸿程印刷有限公司
经　　销	新华书店及网络书店
开　　本	710mm×1000mm　1/16
印　　张	10
字　　数	85 千字
印　　数	5001—8000
版　　次	2023 年 2 月第 1 版　2024 年 2 月第 2 次印刷
标准书号	ISBN 978-7-5110-6267-3
定　　价	39.80 元

序 言

　　我们的祖国幅员辽阔，面积广大。在广袤的国土上分布着众多的名山大川以及奇特的地形地貌。这些地方往往景观独特，美不胜收：高山险峻、瀑布壮观、湖泊宁静……这些地球创造的独特风景，包含着地球演变的历史，被称为自然遗产。

　　不论是从美学角度，还是从科学角度来看，自然遗产都具有重要的价值和意义，能够代表和反映地球的自然地理结构，同时也是许多濒危动植物的生存区。因此，我们有必要了解自然遗产、保护自然遗产。

　　国际上有专门保护自然遗产的组织——世界遗产委员会，它制定了《保护世界文化和自然遗产公约》，明确了自然遗产的定义及保护措施。

　　我们国家在 1985 年正式加入《保护世界文化和自然遗产公约》，显示了我们国家保护具有突出价值的自然遗产的决心和信心。而且我们国家积极开展自然遗产的评定工作，取得了许多成果，现在已有多个地区被列入《世界遗产名录》。例如，四川大熊猫栖息地、三清山国家级风景名胜区、中国丹霞、"三江并流"自然景观被列入世界自然遗产；泰山、黄山、峨眉山—乐山大佛风景名胜区、武夷山被列入世界文化与自然双重遗产。

我国虽然已有多个地区被列入《世界遗产名录》，得到了更多的关注和保护，但是相较于我们国家众多的自然遗产，这些只占一小部分，还有更多的自然遗产等待我们去认识和保护。

那么我们国家还有哪些风景独特、能够代表地球演化历史的自然遗产呢？已经被列入《世界遗产名录》的自然遗产又到底有何特色呢？我们可以翻看这本书，从中找到答案。

本书以地域为分类标准，以常见的七大地理区域为基准，将我们国家分布在各个区域的自然遗产进行了筛选，选出了一些最具有代表性的自然遗产，用轻松流畅的语言介绍了各个自然遗产的特色，可以使我们足不出户"游览"祖国的山山水水。

目 录

第七章 西北地区的壮美苍凉

第一章

中华自然遗产
概论

一、自然遗产是什么

我们生活的地球历史非常久远，已经有46亿岁了。在地球成长变化的数十亿年里，经历了无数的地质构造运动：火山喷发、板块断裂、地震……这一系列漫长又激烈的活动最终造就了我们今天看到的地球，在地球上留下了无数令人赞叹的自然景观。

国际上对自然遗产有明确的定义，在《保护世界文化和自然遗产公约》中，对什么是自然遗产进行了详细的规定："从审美或科学角度看，具有突出的普遍价值的由物质和生物结构或这类结构群组成的自然面貌；从科学或保护角度看，具有突出的普遍价值的地质和自然地理结构以及明确划为受威胁的动物和植物生境区；从科学、保护或自然美角度看，具有突出的普遍价值的天然名胜或明确划分的自然区域。"

所以，风景优美的山川河流、自然形成的奇特地貌以及珍稀动植物生存的区域都是自然遗产。

联合国教科文组织世界遗产委员会是对世界自然遗产进行统计、评定和保护的组织。委员会每年都会召开一次会议，审议可以进入《世界遗产名录》的自然遗产，并且对已经列入名录的世界自然遗产的保护工作进行监督和指导。

在我们国家就有许多自然遗产，而且有一些已经被列入了世界自然遗产，这其中包括：湖南武陵源风景名胜区、四川黄龙风景名胜区、四川九寨沟风景名胜区、四川大熊猫栖息地、中国南方喀斯特（云南昆明石林、重庆武隆、贵州黔南州荔波）、江西三清山风景名胜区、中国丹霞（贵州遵义赤水、福建三明泰宁、湖南邵阳崀山、广东韶关丹霞山、江西鹰潭龙虎山、江西上饶龟峰、浙江衢州江郎山）、云南澄江帽天山化石地等。

除此之外，泰山风景名胜区、黄山风景名胜区、峨眉山—乐山大佛风景名胜区、武夷山风景名胜区被列入世界文化与自然双重遗产。

我们国家陆地面积有960万平方公里，海域面积470多万平方公里，海域中还分布有7600多个岛屿，真正是幅员辽阔。广阔的领土上有丰富的地形：高山、丘陵、平原……有数不尽的名山大川：泰山、黄河……有千奇百怪的地貌：喀斯特地貌、丹霞地貌、火山地貌……因此拥有了数量众多的自然遗产，除了被世界遗产委员会收录的之外，还有很多风景名胜和自然保护区，这些都是我们国家宝贵的自然资源。

二、自然遗产的价值和意义

你们对恐龙感兴趣吗？现在我们可以通过化石对这种生活在远古时期的地球霸主进行复原，从而可以看到几亿年前它们的形态。这一切都要感谢自然界遗留给我们的线索，所以自然遗产对于我们有重要的价值和意义。

地球已经有46亿年的历史。人类文明只出现了不到一万年，进入现代文明社会不过一百多年，那么人类如何去了解地球这位活了几十亿年的"老人家"呢？答案是寻找地球演化留下的痕迹。

幸好亿万年的宇宙空间及太阳系对地球的作用以及地球自身的演变运动在地层、岩石、冰川等多方面都留下了痕迹，我们可以从自然遗产中窥见地球的历史和远古时期的面貌。

由于地球的历史太长，经历的时期太多，所以人们将地球的历史划分为多个时代单位，即宙、代、纪、世、期等。

整个地壳历史可以划分为隐生宙和显生宙两大阶段。宙之下分代，隐生宙分为太古代、元古代，显生宙又划分为古生代、中生代、新生代。代之下又可划分若干纪，比如寒武纪、侏罗纪、第四纪。每个纪又分为两个或三个世，世下分若干期。我们津津乐道的恐龙就生活在中生代的三叠纪、侏罗纪和白垩纪。

怎样确定地球的每个时代呢？需要通过同位素测定——一种利用放射性元素核衰变规律测定地质体年龄的方法——来进行确定。这就需要找到代表地球演化历史的自然遗产去进行研究和测定。

早在人类出现之前，地球就已经存在数亿万年，地球上的地形地貌、自然景观、各种动植物也都已经存在，相较于地球与地球上自然遗产的历史，人类的历史可谓是极其短暂。人类是这个地球上的后来者，是自然的一部分，所以有义务了解我们所处的自然世界、了解我们赖以生存的

自然遗产的价值

家园的历史以及保护好我们共同生活的家园。人类与自然是息息相关、休戚与共的关系。

自然遗产是代表地球演化过程的突出例证，是地质活动突出的、有价值的地理构造，还是多种动植物的生活区，是地球留给我们的一本厚厚的"历史书"。自然遗产具有重要的意义和无法衡量的价值，值得我们好好"翻阅"与研究。

三、自然遗产的保护

　　我们常说"保护环境，人人有责"，不乱扔垃圾，爱护我们周围的环境，已经成为全社会的共识。其实我们不仅要爱护周围的环境，也要爱护整个自然环境。你或许会问自然界这么大，我怎么去保护呢？其实这并不难，像少用一次性塑料制品、绿色出行、植树等都是在为保护自然做贡献呢。

　　世界遗产是指被联合国教科文组织和世界遗产委员会确认的人类罕见的、无法替代的财富，是全人类公认的具有突出意义和普遍价值的文物古迹和自然景观。自然遗产是世界遗产中的一部分。

　　我们从世界遗产的定义中可以看到几个关键的词语，比如"罕见的""无法替代的""具有突出意义和普遍价值的"，这些貌似抽象的词语都在说明一件事，那就是自然遗产的重要性与宝贵性。

为什么自然遗产这样重要？那是因为自然遗产是地球所有景观中的突出代表。要想被认定为自然遗产，必须要符合下面的严苛条件。

1. 构成代表地球演化历史中重要阶段的突出例证；

2. 构成代表进行中的重要地质过程、生物演化过程以及人类与自然环境相互关系的突出例证；

3. 独特、稀有或绝妙的自然现象、地貌或具有罕见自然美的地域；

4. 尚存的珍稀或濒危动植物种的栖息地。

所以，自然遗产是非常宝贵的、独特的、珍稀的，是自然的神奇造化，也是不可再生的。自然遗产中往往有一些绝美的罕见风光，背后包含着地球演化的历史，是地球给人类的馈赠，所以我们要好好珍惜与保护。

我们国家于 1985 年 11 月 22 日正式加入《保护世界文化和自然遗产公约》。从 1986 年起，我国就开始了世界遗产的申报及保护管理工作。截至 2018 年，中国列入《世界遗产名录》的有世界文化遗产 37 项、世界文化与自然双重遗产 4 项、世界自然遗产 14 项。被列入《世界遗产名录》的自然遗产，会得到更多的关注与保护，但是这些数字对于中国这样一个国土面积在世界排第三、拥有辽阔疆土的国家来讲是很不相称的。

我们还有很多的自然遗产亟待得到保护。一方面，我们要继续申请加入《世界遗产名录》，让全世界都关注到中国的自然遗产；另一方面，我们国内对于现有的大量自然遗产也要开展保护。

自然保护区就是我们国家为保护各类自然生态系统、自然遗产而设立的，截至 2019 年，我国已经设立了 474 个国家级自然保护区，而且专门制定和颁布了保护自然环境和自然资源的法律。

随着法律的普及和保护环境的理念深入人心，相信未来我们国家的自然遗产会得到更多的关注，得到更好的保护。

四、著名的地形地貌

如果把地球比作一个人的脸部，那么地形地貌就好像人脸上自然形成的起伏、皱纹、斑点、红血丝等，只不过地形地貌更为复杂和多样化。

地形是指地表上的各种形状，其中有五种突出的形态，分别是山地、高原、盆地、丘陵、平原。

我们国家具有全部五种地形，每种地形又有许许多多地名代表。下面只用其中的一些进行举例说明。

山地是指海拔在 500 米以上的高地，我们国家的山地有东西走向的天山、东北—西南走向的大兴安岭、南北走向的贺兰山等。高原指的是海拔在 500 米以上的平坦广阔地区，我国的高原有青藏高原、内蒙古高原和云贵高原。盆地是地球表面相对于海平面凹陷的地区，地形外观就像盆子一样，我国著名的盆地有塔里木盆地、准噶尔盆地和柴达木盆地。丘陵指的是绝对高度在 500 米以内的起伏地形，我国的丘陵主要有两广丘陵。平原顾名思义就是地面平坦宽广的区域，我国有华北平原、长江中下游平原等。

地貌是指地球的面貌，是地表各种形态的总称。地貌形态和成因是多种多样的，所以地貌的类型也相当复杂。比如按照成因可以分为构造地貌、侵蚀地貌、堆积地貌等，侵蚀地貌又可分为河蚀地貌、海蚀地貌、溶蚀地貌、风蚀地貌等。具体的地貌类型有喀斯特地貌、丹霞地貌、黄土地貌、冰川地貌、风蚀地貌、火山地貌等。我们来看一下我们国家拥有的几种典型地貌吧。

丹霞地貌是一种以陡崖坡为特征的红层地貌，其特点就是红色的陡峭山崖。丹霞地貌的概念由我们国家的学者首次提出，并被世界认可，因此也被称为"中国丹霞"。

丹霞地貌在我国广泛分布，目前已查明的丹霞地貌有 1005 处，分布于全国 28 个省。其中四川的蜀南竹海和七洞沟属于幼

美丽的丹霞地貌

年期丹霞，贵州赤水丹霞属于青年期丹霞，广东丹霞山属于壮年期丹霞，江西龙虎山则属于老年期丹霞。广东省韶关市东北的丹霞山是丹霞地貌的命名地，而且是丹霞地貌中发育最为典型的地区，因此受到世界瞩目。

喀斯特地貌也被称为岩溶地貌，是因地下水和地表水对可溶性岩石进行溶蚀与沉淀等作用而形成的地貌。喀斯特地貌分为地表和地下两大类，地表一般有石芽、落水洞、峰林、溶蚀洼地等，地下有溶洞、地下河等。我们国家喀斯特地貌分布广泛，最著名的有桂林山水、黄龙风景区的钙化池等，其中桂林山水神奇秀美，是喀斯特地貌造就的举世无双的风景。

火山是地壳内部岩浆喷出堆积的山体，火山喷发造就的独特地貌，就是火山地貌。我们国家的长白山、大兴安岭、内蒙古高原东部以及滇东、黔西、桂西曾经有频繁的玄武岩喷发，形成了火山熔岩地貌。火山地貌也会带来不同的景观，比如长白山峰顶的天池就是在火山口形成的湖泊。

五、我国的自然景观

我们国家辽阔的土地和海域上有数不清的迷人风景。我们从课本或课外都了解过一些著名的旅游胜地，你们去过哪些著名的大山，到过哪些美丽的大河，欣赏过哪些美丽的自然景观呢？

地球上各种不同的地形地貌造就了不同的风光，其中许多山川河流都成为著名的景点、观光胜地。我们国家就有许多名山大川，它们分布在中华大地的各个区域，下面我们就一起来了解一下吧。

我们国家按照地理区域可以划分为七大地区：华北（北京市、天津市、河北省、山西省、内蒙古自治区中部）、东北（黑龙江省、吉林省、辽宁省及内蒙古东五盟市）、华东（上海市、江苏省、浙江省、安徽省、江西省、山东省、福建省、台湾省）、华中（河南省、湖北省、湖南省）、华南（广东省、广西壮族自治区、海南省，以及香港特别行政区、澳门特别行政区）、西南（重庆市、四川省、贵州省、云南省、西藏自治区）和西北（陕西省、甘肃省、青海省、宁夏回族自治区、新疆维吾尔自治区、内蒙古自治区西部的阿拉善盟、巴彦淖尔市、乌海市、鄂尔多斯市）。

接下来，我们就分别了解各个地区代表性的自然景观吧。

华北地区属于温带季风气候，四季分明，地形多样，风景名胜很多，有五岳中的北岳——恒山（位于山西省），有"天苍苍，野茫茫"的坝上草原（位于河北省）等。

东北地区是指我国东北方向的国土，包括黑龙江省、吉林省、辽宁省三省及内蒙古东五盟市，这里有我国最大的原始森林——大兴安岭，有仙鹤的故乡——扎龙自然保护区（位于黑龙江省），还有著名的五大连池（位于黑龙江省）等。

华东地区位于我国东部，属于亚热带季风气候、温带季风气候，地形以丘陵、盆地、平原为主，这里自然条件优越，风景秀美，有五岳之首泰山（位于山东省）、中国第一大淡水湖鄱阳湖（位于江西省）、美丽的黄山（位于安徽省）等。

华中指的是中国中部地区，这里有天下第一仙山——武当山（位于湖北省）、少林寺所在地——嵩山（位于河南省）。

华南指的是中国南部地区，这里有亚洲第一大瀑布——德天瀑布（位于广西壮族自治区），丹霞地貌的命名地——丹霞山（位于广东省），充满椰风海韵的海南岛（位于海南省）。

西南地区地形复杂，高原和盆地占据大部分区域，这里有国宝大熊猫的栖息地——卧龙自然保护区，有四川省最高雪山——贡嘎山，还有热带风光的西双版纳（位于云南省）。

西北是一片荒凉壮阔的风光，这里有我国最大的沙漠——塔克拉玛干沙漠（位于新疆维吾尔自治区），距离海洋最远的山——天山（位于新疆维吾尔自治区）以及藏在沙海里的奇迹、天下第一泉——月牙泉（位于甘肃省）。

怎么样，上面提到的这些著名的地点你都熟悉吗？如果想对它们有更多的了解，一定要接着学习其他章节哦。

第二章

华北、华中地区的自然景观

一、五岳之北岳——恒山

　　抗日战争时期，八路军在雁门关地区对日军汽车运输队进行伏击，共毙伤日军 500 余人、击毁汽车 30 余辆，切断了敌人的供给，使敌人没有饭吃、没有子弹、没有援兵，给日军造成了很大的困难，也给在忻口进行正面防御作战的国民党守军以有力的配合，这次战斗被称为雁门关伏击战。雁门关自古以来就是军事重地，这险要的关隘就位于恒山的山涧河谷中。

　　恒山所属的恒山山脉是我国北方著名的山脉，东西连绵近 300 公里，有 108 座山峰，奔腾起伏，气势磅礴。

　　据史书记载，四千多年前舜帝北巡到达恒山，见恒山奇峰耸立，山势巍峨，所以就封恒山为"北岳"，意思是北方万山之宗。

因为地理位置特殊，恒山就像是一道天然的屏障，保护着南面大片的平原，因此历来就是兵家争夺的地方。历史上也留下许多征战的故事，其中最为著名的就是杨家将抗击辽兵的故事。现在恒山脚下的"败杨峪""落马滩"等地名，都和杨家将抗辽的故事有关。

恒山山区属于温带季风气候，因为山的高度不同，呈现很明显的垂直分布特点。在海拔低的地方生长着灌木草地；海拔高一些的地方广泛分布着云杉、落叶松、油松等耐寒耐旱的植物；最高的山顶主要生长着高山草甸。山中还出产一种名贵中草药——黄芪，是很好的调理身体的药材。

多条河流流经恒山山脉，有桑干河、浑河、滹沱河等，这些河流为恒山的植被带来水源，为人们的生活带来便利。这其中有一个特殊的水源，就是汤头温泉。温泉水温一般在50~60℃，水体清澈，无色无味，含有钾、钠、铁、铜、钙、镁、镭等29种化学成分和矿物质，具有舒筋活血、杀菌消炎等功效，对人体某些疾病有较好的保健治

山西恒山

疗作用，是不可多得的天然温泉。

恒山还有丰富的矿产资源，其中包括多种非金属矿产，比如珍珠岩、膨润土、晶质磷灰石等，还有煤矿、铁矿、金矿等矿藏，其中金矿的储量达到10.6吨，是山西省最大的金矿床，恒山真可谓是一座宝山。

除了自然资源丰富，恒山还有悠久的文化。恒山是我国道教圣地，唐代著名道士张果老就曾在恒山修道，他后来成为民间传说中的"八仙"之一。早在西汉初年的时候，恒山就建有寺庙，经过历朝历代的重修或新建，最鼎盛时期据说有"三寺四祠九亭阁，七宫八洞十二庙"，这其中最"奇"的当属恒山悬空寺。一是位置奇。悬空寺建在翠屏峰的悬崖峭壁上，距离地面约50米，仅用几根木头支撑，寺如其名，像是悬在空中一样。二是内涵奇。悬空寺是佛、道、儒三教合一的独特寺庙。悬空寺因其险峻奇特，被称为"天下巨观"。

恒山的自然风景景色天成，建筑和人文景观历史悠远，包含着许多美丽的故事和传说，不愧是五大名山之一。

二、清凉之地——五台山

五台山由五座山峰环抱而成。五座山峰的顶端平坦宽阔，好似土砌的平台，分别称为东台、西台、南台、北台、中台，合称"五台"。《名山志》记载："五台山五峰耸立，高出云表，山顶无林木，有如垒土之台，故曰五台。"这就是五台山名字的由来。

五台山的五座山峰分别为：东台望海峰、西台挂月峰、南台锦绣峰、北台叶斗峰、中台翠岩峰。其中，北台叶斗峰是五台山的最高峰，海拔3061.1米，有"华北屋脊"之称。康熙皇帝曾经写诗称赞叶斗峰的高峻："钟鸣千嶂外，人语九霄中。"这句诗的意思是在山上敲钟能够传遍千山，在山上说话能够传到天上。其余四座山峰也各有特色，比如在望海峰上极目远望，云海茫茫，如果天气晴朗，就可以观赏到"云海日出"的景观，云海尽头一轮红日喷薄而出，景象十分壮美。

五台山除了主体的五峰外，还有很多著名的景点。就拿写字崖来说吧，就是非常神奇的一块崖壁。把崖壁用水洒湿，然后再用布仔细擦拭，崖面上就会显示出字迹来，那字迹像古代的小篆或隶书。等水干后，字迹就会消失。更奇怪的是将表皮的石层去掉，在下层洒水，仍能擦出字来，大自然的造化真是鬼斧神工、令人称奇。

五台山还被誉为"中国地质博物馆"。那是因为五台山的地层保存得非常完整丰富，记录了地球从新太古代晚期到古元古代的地质演化历史，具有很高的地质科考价值。

五台山气候寒冷，又被称作"清凉山"。全年平均气温为－4℃，最热的月份气温为10℃左右。山中气温较低，台顶终年有冰，就算是盛夏时节在山上也要穿棉服，真是名副其实的"清凉山"。

山西五台山

五台山有丰富的自然资源，森林面积近30万亩，草地面积300多万亩。植物分布依据海拔高低呈现明显的规律性，海拔高的地方生长着耐寒矮小的高山草甸或灌木，海拔低的地方生长着高大的阔叶树木。

五台山还出产许多的山珍，比如木耳、蘑菇，还有多种中药材，比如马勃、茯苓等。山中生活着多种野生动物，有石貂、金钱豹、狐狸、黄斑苇鸡、红胸田鸡等。

五台山是我国著名的佛教名山，到现在山中还有众多的佛塔、佛寺，比如圆果寺以及建在寺中的阿育王塔等。五台山还存有大量的佛像，数量多达 3 万余尊。

三、天苍苍，野茫茫——坝上草原

"坝上"特指陡然升高的草原地带。坝上草原位于河北省西北部、内蒙古高原南缘。坝上草原总面积约为 350 平方公里，平均海拔 1500 米，最高海拔约 2400 米。

坝上草原位于河北省张家口市和承德市，这里地势呈阶梯状，草原广布，白桦成林，晨夕景色各异，气候宜人，年平均气温不超过 5℃，夏季最高温度 24℃左右，是避暑的好去处。

坝上草原海拔高，空气清新，天空湛蓝，白云朵朵，站在草原上有头挨着蓝天、白云擦过肩膀的感觉。蓝天和草原相接，纯净的蓝色与绿色相映衬，让人心旷神怡。

坝上草原的草以旱禾草居多，草层高度在 15~40 厘米。最美的草在草甸草原，高度在 30~60 厘米，各种不知名的野花点缀其间，牛羊悠然觅食，真正是"天苍苍，野茫茫，风吹草低见牛羊"。

因为坝上草原纬度较高，所以进入夏季较晚，5月中旬草才能绿，花才能开，七八月份是观赏草原美景的最好时节。这时候，绿草如茵，繁花遍野，温度适宜，牛群、马群、羊群散落在草原上觅食，不时传来鸟儿清脆的鸣叫。草原上还有各种天然形成的水泡（湖泊），水质清澈纯净，鱼儿浅游，水鸟浮水，令人陶醉在大自然的美景中。

10月到11月的草原秋景最美。这时候天气转凉，秋高气爽，天空更高更蓝，草原也换上了金色的外衣，大片的白桦林被秋色浸染，树叶呈现出迷人的金黄色，映衬着白色的树干。这时候骑上一匹骏马，无拘无束地奔驰在辽阔的草原上，凉爽的秋风吹来，混合着草木的清香，沁人心脾。

冬季的坝上草原完全是另一番景象。一场大雪后就是千里白雪皑皑，只有远处四季常青的樟子松屹立，一片静谧辽阔，使人心生豪爽气概。如果喜欢滑雪，更不能错过冬季的草原，这里的积雪期达到五个月，是滑雪爱好

坝上草原

者的乐园。

坝上草原出产口蘑、山野菜、各种药材等特产。口蘑是一种天然生长的蘑菇，营养丰富，肉质细嫩，味道鲜美。山野菜有蕨菜、地皮菜、苦力芽等，纯天然生长，别有一番风味。除此之外，坝上草原出产的中药材黄芪、柴胡、防风，因为品质好，被称为"三宝"。

坝上草原上的人以放牧牛羊为生，所以他们日常饮食中多以牛羊肉为主要肉食。坝上草原的传统美食有烤全羊、涮羊肉等。在草原上吃着牧草、喝着湖水长大的牛羊，肉质细嫩，香味格外浓郁。除此之外，坝上草原还有奶茶、酸奶、莜麦等当地特色美食。你如果去坝上草原，一定别忘了品尝。

四、物种基因库——神农架

神农架国家级自然保护区位于湖北省西北部。2016 年 7 月 17 日，在土耳其伊斯坦布尔举行的联合国教科文组织世界遗产委员会第 40 届会议上，湖北神农架被正式列入《世界遗产名录》，荣膺"世界自然遗产地"称号。

神农架属于大巴山系，地势西南高东北低，其中以神农顶为最高点，高度为 3105 米，这也是华中地区的最高点，因此神农架也被称为"华中屋脊"。神农架山势雄伟、层峦叠嶂，到处都是被流水冲击出的深谷，沟壑纵深，地势险峻。

神农架处于温带和亚热带过渡的区域，所以气候温和，夏季湿润多雨，冬季温和少雨。这样的气候十分适合植物的生长，所以神农架植被茂密，森林覆盖率极高。密林中还生长有多种真菌、地衣、苔藓、蕨类植物等，它们共同构成了神农架多样的植物生态环境。神农架有许多国家重点保护植物，还有 42 种神农架特有植物。

神农架也是动物的乐园，这里生活着将近 500 种脊椎动物，占湖北省所有脊椎动物种类的近一半，包括哺乳动物、鸟类、两栖类、鱼类等。神农架的动物种群中，有许多是国家重点保护动物，其中一级保护动物五种，分别是金丝猴、华南虎、金钱豹、白鹳和金雕。

神农架因华夏始祖炎帝神农氏曾在此尝百草而得名。

远古时候，神农氏为了找到适合食用和药用的植物，决定遍尝百草。一次神农氏带领族众来到一座高山，见这里山高谷深，树木繁茂，便认定这里肯定生长着许多珍奇草药。他教人们架木为屋，架木为梯，在此生活生产，采集草药。后来人们为了缅怀神农氏的恩德，便把这座高山叫作神农架。

神农架的传说只是人们美好的想象，但神农架的确盛产药用植物，已知的就有 1800 多种。这些药用植物又分为草本、木本、藤本等，比如草本药材有独活、当归、党参、天麻、黄连、川芎、冬花、玄参；木本药材有杜仲、厚朴、银杏、辛夷花等。

神农架具有独特的地理环境，在地球经历第四冰川时期的时候，许多动植物在神农架躲过了灾难，所以这里保存着完整的生态系统，囊括了东西南北各个地区的动植物，因此被称为"物种基因库"和"濒危动植物避难所"，引起全世界的共同关注。我们国家在神农架建立了自然保护区，用来保护这片美丽又充满神秘色彩的土地。

五、少林寺所在地——嵩山

一提到嵩山，我们头脑中可能就会浮现出少林寺、少林武僧等形象。其实嵩山不仅有少林寺，还有很多文物古迹、文化传说等，它也是"五岳"中的"中岳"。

嵩山位于河南省西部，地处登封市西北部，西临古都洛阳，东接郑州，是洛阳的重要屏障。

嵩山从形成至今，已经有35亿年的历史了。嵩山的形成是地球漫长的地质运动的产物。嵩山经历了多次地质构造运动，从茫茫的大海海底，变成了隆起的高山，以万年为单位的时间刻在了嵩山的岩层褶皱中，岩层中的古生物化石诉说着嵩山经历的古老演变历史。

嵩山所在地属于温带，气候适宜，四季分明，所以山上的植被茂密，种类繁多。这里既有栓皮栎、麻栎、侧柏、洋槐这类可以当作木材的乔木，也有山楂、板栗、海棠等野生果树，还有各种蕨类、花卉、药用植物等。

嵩山总面积约为450平方公里，一条小河从中间穿过，将嵩山分为两部分，河东是绵长巍峨的太室山，河西是奇巧挺拔的少室山。

太室山与少室山的名字源于上古时候大禹的两个妻子。因为大禹的第一个妻子涂山氏在这里生下了儿子启，所以此山就叫太室山，室是妻子的意思。大禹的第二个妻子住在另一座山，所以那里就被叫作少室山。

太室山的主峰是峻极峰，取自《诗经》中的"峻极于天"，峻极峰的西面是遥相呼应的少室山，北面是奔流不息的黄河，山峰间有虚无缥缈的云烟，确实担得起"峻极于天"的美誉。

少室山的主峰为连天峰，海拔1512米，是嵩山的最高峰。著名的少林寺就建在少室山上，因为它地处少室山的茂密丛林中，所以叫作少林寺。少林寺因禅宗的创始人达摩祖师而闻名。传说达摩祖师来到嵩山少林寺，在寺庙后面的山洞中潜心修炼，面壁打坐九年终于达到佛教中

河南嵩山栈道

的终极境界，就连对面的石壁上都留下了一个隐约的达摩坐像。少林寺不仅是佛教的禅宗祖庭，也是中国功夫的发源地。

嵩山不仅有少林寺，还建有佛教寺院法王寺，所以嵩山也是佛教中的名山。

嵩山还有道教、儒家活动的印记。这里建有道教圣地中岳庙，有历代道士传教的崇福宫，另外还有太室阙、启母阙、少室阙等。儒家在嵩山也留下了诸多印记，如遗留下来的嵩阳书院，它是宋初四大书院之一，范仲淹、司马光、程颐、程颢等人都曾在这里讲学。嵩阳书院内有一棵树龄4500年的古柏树，被称为"将军柏"。两千多年前汉武帝游历嵩山时见到这棵柏树，被它的高大古朴所震撼，因此赐名为"将军柏"。这棵柏树一直屹立在嵩山，是嵩山千年文化的见证者与守护者。

六、天下第一仙山——武当山

如果你看过金庸的武侠小说，一定对武当派不陌生。武当派建在武当山上，创立者张三丰是武功高深的绝世高手。小说中的武当派虽是虚构，但现实中的确有武当山，武当山是道教的圣地。

武当山位于湖北省的西北部，西靠十堰市，南望神农架。武当山的面积为 312 平方公里，山势挺拔，多悬崖峭壁。武当山共有七十二峰，主峰是天柱峰，拔地而起，海拔 1612 米，被誉为"一柱擎天"。主峰周围群峰林立，各有特色，金童峰、玉女峰亭亭玉立；香炉峰、蜡烛峰云雾缭绕；展旗峰好似被风吹动的旗帜……除了七十二峰，武当山还有三十六岩、十一洞、三潭、九泉、十池、九井、十石、九台，以及"天柱晓晴""金殿倒影""乌鸦接食""香麝跃涧"等奇观。

武当山气候温润，冬暖夏凉，动植物资源丰富，有许多珍稀物种，如国家一级保护植物水杉、珙桐，国家二级保护植物银杏、香果树、金钱松等；国家重点保护动物金钱豹、猕猴、大鲵等。这里还出产种类繁多的药材，林林总总加起来有600多种，其中较名贵的有天麻、绞股蓝、何首乌、黄连等。

武当山是道教的圣地，道教文化源远流长。早在两千多年前的春秋时期，便有许多士大夫和方士到武当山归隐修炼。后来，多位皇帝推崇道教，便在武当山修建道教的庙宇宫殿。唐太宗李世民曾命人修建五龙祠，元朝时期武当山修建了九宫八观，明成祖朱棣动用20多万人力耗费12年时间，在武当山修建了九宫九观等33处道教庙宇。前来武当山朝拜的人络绎不绝，武当山因此成为全国道教活动中心，也被誉为"天下第一仙山"。

为什么天下这么多的名山大川，只有武当山拥有"天下第一仙山"的称号，而且受到众人的追捧？这就要从武当山供奉的道教主神真武大帝说起了。

真武，即元武，又名玄武。宋真宗赵恒因避所尊圣祖赵玄朗名讳，改玄武为真武。宋元两朝推崇道教，使真武神的神格地位不断提高。北宋天禧年间诏封真武神为"真武灵应真君"，元朝大德七年加封为"光圣仁威玄天上帝"，一跃而为北方最高神，被称为真武大帝。

到了明朝，明太祖朱元璋崇奉真武大帝，为后裔诸帝崇奉真武大帝奠定了基础。明成祖朱棣夺取其侄儿朱允炆的政权后，更自称是真武大帝保佑他和他父亲取得天下，以此来宣扬他政权的正统性。从此以后，真武大帝就成了明朝的"护国家神"。

因为道教信奉真武大帝，武当山又是真武大帝修炼的地方，所以明代以后，武当山的地位升华到"天下第一仙山"，成为全国道教活动中心，持续了二百多年的鼎盛局面。

武当山的道教兴盛与张三丰也有一定的关系。在明朝时候，武当山出了一位著名的道士，名叫张三丰，他将道教与武术相融合，创立了武当内家拳，被尊为武当武术的开山祖师。流传甚广的太极拳、八卦掌都属于武当武术。武当武术注重养生，强调练武术是为了强身健体、祛病延寿，并不是为了与人斗勇。

七、八百里风光——洞庭湖

"湖光秋月两相和，潭面无风镜未磨。遥望洞庭山水色，白银盘里一青螺。"这是唐朝著名诗人刘禹锡写的《望洞庭》，诗中描绘的就是洞庭湖的风光。洞庭湖既有震撼的气势，又有秀丽的湖光山色，历来是文人墨客歌咏的对象。

洞庭湖跨湖南湖北两省，洞庭湖以北是湖北省，洞庭湖以南是湖南省，因此洞庭湖也是湖南、湖北的分界湖。

洞庭湖是中国第二大淡水湖，东、南、西三面为平原、环湖丘陵、低山，北部为碟形盆地，古代曾号称"八百里洞庭"，足见洞庭湖湖面的广阔。

洞庭湖并不是一个规则的形状，而是呈不规则的"U"形，根据位置不同，大致可以分为东洞庭湖、南洞庭湖和西洞庭湖三部分。洞庭湖北接长江，有湘江、资水、沅江、澧水等河流汇入洞庭湖，所以湖的周围呈现一派水流河网密布的地貌景观。

洞庭湖是我国水量最大的通江湖泊，对长江的水流量有调节的作用。每年雨季来临，长江水位暴涨的时候，洞庭湖可起到分流作用，曾经无数次使长江的洪水灾患化险为夷。

洞庭湖湖光旖旎，湖中有岛，周围山峰环绕，湖光山色相映衬，风光无限。著名的"潇湘八景"中的"洞庭秋月""远浦归帆""平沙落雁""渔村夕照""江天暮雪"等景都与洞庭湖有关。洞庭湖还有著名的"十影"，即"日影""月影""云影""雪影""山影""塔影""帆影""渔影""鸥影""雁影"。

洞庭湖在历史上曾被称为云梦泽，唐朝诗人孟浩然在《望洞庭湖赠张丞相》中写道："气蒸云梦泽，波撼岳阳城。"诗中描绘了洞庭湖上水汽蒸腾、白雾茫茫，汹涌的波涛几乎要撼动岸边的岳阳楼的景象。岳阳楼是江南三大名楼之一，矗立在洞庭湖边，因临洞庭风光、建筑工艺巧妙成为著名的景点。

洞庭湖中最大的岛屿是君山岛，刘禹锡在"白银盘里一青螺"中用白银盘来形容洞庭湖，盘中的青螺就是指君山岛。

君山岛除了被众多文人写诗赞扬外，它还有一段神奇的传说。

君山岛有七十二峰，相传为湖中 72 位螺仙女幻化而成。在君山上有一石壁，上面依稀可辨认出"永封"两个字，这被称为封山印。相传，秦始皇巡视天下之时，行舟在洞庭湖上，忽然风浪大作，秦始皇大怒，便冲着天地说道："谁如此大胆，竟敢在真命天子面前兴风作浪？"他问周围人这是什么地方，周围人回答说是君山岛。秦始皇听到更生气了，说："这天下只有我一个君，这山怎么配用'君'？"于是命人砍光了君山岛上的树木，在石壁上刻下了"永封"二字。

洞庭湖是著名的鱼米之乡，湖中渔产丰富。唐代著名诗人李商隐在《洞庭鱼》一诗中写道："闹若雨前蚁，多于秋后蝇。"可见当时洞庭湖中鱼之多。如今湖中依旧盛产鲤、鲫、鳙、鲢、鳊、鳜、银鱼和虾、蟹、龟、鳖、蚌等百余种水产。洞庭湖还出产上好的莲子——湘莲，君山岛出产名贵的茶叶——君山银针，这些都是洞庭湖带给我们的天然馈赠。

八、奇特溶岩地貌——武陵源

晋代陶渊明写过一篇《桃花源记》，里面写到一位武陵渔人发现了一个安宁祥和的世外桃源。桃花源虽然是陶渊明的一个美好想象，但是在现在的湖南，确实有一个如梦似幻的风景区——武陵源。

武陵源位于湖南省西北部，面积大约为369平方公里，风景区内有奇山异峰3000多座，可谓风光俊秀、独树一帜。

武陵源因为独特的岩石构造，再加上流水、风力等外力的侵蚀，造就了奇特的溶蚀地貌、剥蚀地貌、河谷地貌等。武陵

湖南武陵源

源气候潮湿，降水量大，适宜各种动植物的生长繁衍。武陵源的几千座山峰都被各种野生植物覆盖，森林覆盖率达到85%。据统计，武陵源的木本植物有800多种，其中珙桐、伯乐树、南方红豆杉等是国家一级保护植物。此外，在武陵源的原始森林中生活着400多种野生动物，其中豹、云豹、黄腹角雉、大鲵、猕猴、穿山甲等都是国家重点保护动物。

武陵源中最有特色的景点是张家界景区、南天一柱、定海神针。

张家界景区位于武陵源的西北部，这里地貌奇特，风光独特。张家界的山峰主要是石英砂岩，这种岩石受到流水、重力和风力的侵蚀，最终形成了有棱有角的石柱状，而这也是张家界独有的砂岩地貌。张家界景区有著名的金鞭岩、金鞭溪、"天下第一奇瀑"——龙泉瀑布、余音回绕的回音谷、猕猴聚集的猴山乐园等。金鞭岩是一座挺立的锥状山岩，三面如刀切般整齐笔直。金鞭溪因金鞭岩而得名，溪水蜿蜒穿过金鞭岩。顺着金鞭溪前行，周边树木环绕，溪水清澈见底，一步一景，简直是人间仙境。

南天一柱是武陵源的奇特景观，穿过南天门，就看见有一座石峰拔地而起，冲天而立，石峰周围并无其他依附，它就这样独立在山谷之中，像一名镇山的守卫。

定海神针是另一处充满神奇色彩的景观。山峰拔地而起高数百米，峰顶有树木覆盖，峰壁为灰白色，此峰如中流砥柱在云雾中隐现沉浮，俨然孙悟空在龙宫中遇到的定海神针，故取名定海神针。在其西南有一峰，好似猴头，呈缩颈窥视状，好似孙悟空欲取定海神针。

武陵源因气候潮湿，水汽上升聚集在山峰之间，所以山间常弥漫着缥缈的云雾。云雾会变幻出不同的形态——云海、云涛、云瀑等，置身其中，仿佛身处仙境一般。

九、长寿之山——衡山

　　我们给老人祝寿时经常会说："福如东海，寿比南山。"这句话的意思是福气像东海一样浩大，寿命如南山一般长久。这里的"南山"指的就是衡山。《诗经·小雅》中有"如月之恒，如日之升，如南山之寿"的记载，这就是衡山被叫作南山的由来。

　　衡山位于湖南省中部，总面积有 640 平方公里，南北绵延 38 公里，其最高峰为祝融峰，海拔 1300 米，其他比较著名的山峰有天柱、回雁、石廪、紫盖等。

　　衡山的气候湿润，降雨量充足，因山中缝隙众多，有很多泉水，另有多条河流顺着山势穿山越谷，最终汇入湘江。

　　衡山山峰众多，风景各异。在最高峰祝融峰可以览遍群峰，看日出、观云海、赏雪景；天柱峰挺拔得像柱子；回雁峰像是一只鸿雁展翅欲飞；石廪峰像是两个大米仓……

　　单看衡山的海拔高度，其实并不算高，最高峰才1300米，但是因为衡山地处湖南中部，这里的平均海拔不到100米，所以它就显得尤为高峻、陡峭。许多诗人都曾游览衡山，并留下歌咏衡山的名句，唐代著名诗人李白曾作《与诸公送陈郎将归衡阳》，诗的前四句为："衡山苍苍入紫冥，下看南极老人星。回飙吹散五峰雪，往往飞花落洞庭。"李白用夸张手法描写衡山之高。杜甫在经过衡山时留下了《望岳》这一著名诗篇，他在这首诗中描绘了祝融、紫盖、天柱、芙蓉、石廪五峰的形势："祝融五峰尊，峰峰次低昂。紫盖独不朝，争长嶪相望。"

　　衡山又叫南山、寿岳，是"五岳"之中的南岳。那么"五岳"是怎么来的呢？这就要追溯到古代了。古人将方位归结为五方：东西南北中。据史料记载，古时候国家的君王出巡，要到达东西南北四个方向，分别遇见四座大山，就命名为"四岳"，加上中原的一座大山"中岳"，就构成了"五岳"。"岳"的意思是高峻的大山，"五岳"就是指五座高峻的大山。"五岳"后来就成为中国的五大

湖南衡山

名山，成为中国历代君王朝圣祭祀的地方。

衡山不仅风光独特，还有深厚的文化底蕴。衡山是中华文明的重要发源地之一，相传中华文明始祖祝融曾在此教导民众保存和使用火种。此外，衡山还是古时观天象、制历法的中心。上古时期黄帝、颛顼、尧、舜都曾在衡山制定历法。现代考古发现衡山有新石器时代的遗址，可见衡山具有悠久的历史文化。

衡山还是佛教、道教、儒家文化的融合地。东汉末年，道教张道陵游历到衡山，后来历朝历代都有道人在衡山修行，唐代最盛，道观和道徒众多。佛教文化进入衡山比道教晚约200年。慧思和尚开法华宗一派，流传甚广，影响甚大。据传，慧思和尚刚到衡山兴建庙宇时，遇到挑水难题，于是请求佛祖为弟子们排忧解难。一日，林中忽然出现一只老虎，衔住慧思的锡杖并将他拽到一处岩石旁，然后大啸三声，以爪挖地，泉水便从岩石缝中冒了出来。此后，僧人们便解决了用水难题。

唐朝时候衡山就建有南岳书院，它是我国历史上著名的书院，历朝历代都有文人名士前来讲学交流。

衡山还有许多知名特产，比如云雾茶，因为山中终年有云雾缭绕，所以这里出产的高山云雾茶茶香浓郁、沁人心脾。此外，衡山还出产观音笋、雁鹅菌、猕猴桃等特产。

第三章

东北地区的
自然风光

一、最大的原始森林——大兴安岭

"高高的兴安岭一片大森林，森林里住着勇敢的鄂伦春。一呀一匹猎马一呀一杆枪，獐狍野鹿满山遍野打也打不尽。"这几句歌词中唱到的情景就是大兴安岭的真实写照。让我们一起来了解我国最大的原始森林，欣赏它的独特魅力吧。

大兴安岭位于黑龙江省西北部、内蒙古自治区东北部，呈东北—西南走向，是一片由中低山组成的山脉，全长 1200 多公里，平均宽度 200 公里，这里有我国面积最大的原始森林，这里也是内蒙古高原和东北平原的分水岭。

大兴安岭中的"兴安"是满语，意思是"极寒的地方"。大兴安岭地处我国最北端，因此气候寒冷，冬季长，夏季短。它最北端的漠河地区最低温度达到零下 50 多摄氏度，冬季长达七个月，夏季只有两个月左右，可以说大半年的时间都在漫漫寒冬中静默度过。

大兴安岭由中低山、丘陵和山间盆地构成，山形浑圆，山坡和缓。西部紧挨着海拔 1000 米左右的内蒙古高原，东部是低矮的丘陵，海拔在 50~200 米，而大兴安岭的海拔在 1000~1400 米，所以并没有突兀的高山的感觉。

大兴安岭最重要、最突出的资源就是森林资源。这里原始森林茂密，是我国重要的林业基地之一，各种木本植物有 100 种，其中主要树木有兴安落叶松、樟子松、红皮云杉、白桦、蒙古栎、山杨等。

大兴安岭的树木生长年限长，生长稠密，为了接收到阳光，树木都奋力向上生长，因此树木都长得笔直。中华人民共和国刚成立的时候，国家建设需要大量木材，大兴安岭便成为全国木材的供应地。当时全国修建铁路用的木头中每十根就有三根半来自大兴安岭。经过半个世纪的

开发，大兴安岭的原始森林资源遭到了破坏，因此我国已

经全面停止对原始森林的商业性采伐，并且开始人工种植树木，以恢复大兴安岭地区的生态系统，原来的伐木工变成了森林的护林员。

除了树木，大兴安岭还有各类野生植物 900 多种，其中有药用植物黄芪、沙参、百合等，油料植物榛子、胡枝子、接骨木等。蓝莓是大兴安岭地区的特产，纯野生蓝莓花青素含量非常高，具有很高的营养价值。

在广阔的大兴安岭森林中生活着多种多样的动物。据统计，这里有鸟类 250 种，鱼类 43 种，兽类 56 种，其中国家一级保护动物有紫貂、貂熊等，还有常见的狍子、梅花鹿、麋鹿等。

大兴安岭因为气温寒冷，降雪量大，所以具有开展滑雪运动的优势，这里拥有全国雪季最长的滑雪场。

大兴安岭最北部的漠河地区，是中国的最北端，也是中国唯一可以观看到北极光现象的地方。极光是大气层受到太阳发散的带电粒子冲击而引起的大规模放电现象。极光五彩缤纷，绚丽无比，犹如灿烂的烟火，又犹如飘动的闪光彩带，是地球上最神奇的景象之一。

大兴安岭还是少数民族聚集的地区，这里有满、蒙古、达斡尔、鄂伦春、鄂温克、俄罗斯、回、赫哲、锡伯、柯尔克孜、土家、侗、朝鲜、壮等 29 个少数民族。鄂伦春族系世居民族，主要居住在塔河县十八站和呼玛县白银纳两个鄂伦春族乡。各族人民在这个北国雪乡和睦生活，其乐融融。

二、仙鹤的故乡——扎龙自然保护区

在我国的许多神话传说中都有仙鹤，人们把仙鹤看作是吉祥的化身，象征着幸福、吉祥、长寿。其实，仙鹤就是丹顶鹤，它们喜欢生活在水草丰美的浅滩上，扎龙自然保护区就是它们喜欢的栖息地之一。

扎龙自然保护区位于黑龙江省西部、乌裕尔河下游的湖沼苇草地带，由一大片连接在一起的沼泽和小型浅水湖泊组成，总面积有 21 万公顷，是世界最大的芦苇湿地。

黑龙江省气候寒冷，地下有终年不化的冻土层，表面是开阔的平原，一些河流流到低洼处就蔓延开，渐渐形成湿地。湿地一般指的是长期覆盖水深不超 2 米的低地、土壤充水较多的草甸及低潮时水深不过 6 米的地方。各种沼泽地、湿草原等都属于湿地。扎龙是中国同纬度地区中保留最完整、最开阔的湿地。

扎龙自然保护区主要是湿地，所以其中生长的植物以草本植物为主，动物以鱼类、鸟类居多。扎龙自然保护区的鸟类约有 260 种，其中国家重点保护鸟类有 41 种，这里最引人关注的是鹤类。全世界一共有 15 种鹤，扎龙就生活着 6 种鹤，因此这里也被称为"鹤的故乡"。鹤类中最著名的就是丹顶鹤了。丹顶鹤是一种大型的水鸟，体长能达到 1.6 米，翅膀展开能达到 2.4 米。丹顶鹤体态优美，拥有修长的脖子和一双大长腿，身上羽毛为白色，脖子下方、尾部和双脚为黑色，最显眼的是它头顶上的鲜红色，这是它最明显的标志，也是名字的由来。

丹顶鹤一般成群活动，喜欢栖息在四面环水的浅滩上或者是苇塘边，主要食物是浅水中的鱼虾、水生昆虫、贝类等。2016 年，丹顶鹤被列为世界濒危动物，全世界只有 2000 只，其中有六分之一生活在扎龙，因此保护丹顶鹤以及保护丹顶鹤赖以生存的环境成为全社会的责任，而这也是扎龙地区人民一直默默在做的事情。

徐秀娟，1964 年出生于黑龙江省齐齐哈尔市一个普通渔民家庭，从小帮着父母喂小丹顶鹤，长大后成为喂养和保护丹顶鹤的一名驯鹤员。徐秀娟爱鹤如命，悉心照料丹顶鹤的饮食、孵化。

1987 年 9 月 15 日发生的一件事，成为人们心中永远的痛。那天，徐秀娟的两只仙鹤牧仁、黎明到水塘里玩耍，然后挣脱绳子飞走了，徐秀娟和大伙赶紧去找。到晚上，牧仁被找了回来，但是黎明依旧不见踪影。第二天一大早，徐秀娟饭都没顾上吃，就出去找鹤，沿着河堤呼唤，跳下河滩寻找，最终她走进复堆河，希望涉过这条河找到丹顶鹤，结果不幸发生了。徐秀娟带着对丹顶鹤的爱与遗憾永远地离开了。

守护丹顶鹤的工作还是需要有人继续，徐秀娟的弟弟徐建峰继承姐姐的信念，继续做保护丹顶鹤的工作，但不幸的是徐建峰为了去看护一个鹤巢，陷入沼泽，再也没能爬起来，牺牲的时候年仅 47 岁。

更令人感动的是，徐建峰的女儿，一位"90 后"女孩，大学毕业后再次接过了守护丹顶鹤的接力棒，成为徐家第三代守鹤人。

"走过那条小河，你可曾听说，有一位女孩，她曾经来过……"这首歌的名字叫作《一个真实的故事》，歌词中的女孩就是指徐秀娟，她为了守护美丽的丹顶鹤而失去了年轻的生命，但是人们仍像她一样守护着丹顶鹤，相信丹顶鹤会在它们的家园——扎龙一直繁衍生息。

三、火山之乡——五大连池

相传，王母娘娘身边有五个仙女，因为迷恋人间的景色，便偷偷来到人间游玩。王母娘娘发现她们私自下界后，就派天兵去捉拿她们，这五位仙女却怎么也不愿回去，王母娘娘一气之下就将她们变成了五个湖泊。这就是关于五大连池的传说。五大连池风景优美，物产丰富，池水还可以治病。

五大连池位于黑龙江省黑河市，总面积约为1060平方公里，因为火山喷发，喷出的熔岩阻断了河道，因而形成了五个相互连接的湖泊，这就是五大连池形成的原因。

五大连池既然是火山喷发形成的，在它的附近肯定就少不了火山遗迹。在五大连池池区内分布着14座火山锥，它们已经被植物覆盖，除了圆锥形的火山口和那些明显的被岩浆侵蚀出的沟壑，已经看不出这里曾经有过山崩地裂的火山爆发的痕迹。这其中有两座火山，名叫老黑山和火烧山，正是这两座火山在三百多年前的爆发，岩浆阻断了白河河道，才造就了今天美丽的五大连池，果然大自然才是最伟大的造物主。

五大连池由莲花湖（头池）、燕山湖（二池）、白龙湖（三池）、鹤鸣湖（四池）、如意湖（五池）组成。

莲花湖是五大连池的第一个湖泊，水深2~4米，湖水清澈见底，夏天湖中会盛开美丽的睡莲；燕山湖则是最适合看朝霞的地方，夏季湖水温度升高，水汽升腾，使这里仿佛温泉一般；白龙湖上深邃幽静，水深几十米，湖面倒映着14座火山，景色优美；鹤鸣湖生长着茂密的芦苇、香蒲，野生水鸟飞翔其中；如意湖形状像一支玉如意，最神奇的是这里常常会无风起浪，掀起的浪头使船都无法航行，令人称奇。

五大连池区由于火山地质形成的强大全磁环境和特殊

的植被生态作用，空气清新纯净，负氧离子含量比一般城市高十多倍，可以称得上是天然氧吧。

五大连池矿泉与法国维希矿泉、俄罗斯北高加索矿泉并称为"世界三大冷泉"，这里因出产铁硅质、镁钙型重碳酸冷矿泉水而闻名。五大连池火山冷矿泉是不多见的碳酸型矿泉。因为常年水温稳定在 2~4℃，低温对碳酸型矿泉水十分有利，使水中含有较多的游离二氧化碳。低温含气，矿化度高，具有浓重的矿化口感，所以五大连池矿泉水喝起来清爽中略带苦涩，清凉可口。相比于五大连池矿泉水，俄罗斯北高加索矿泉水和法国维希矿泉水有浓重的苏打味，口感不清爽。

五大连池的水中还富含多种重碳酸盐和钾、钠、钙、镁四种元素以及钡、锡、氟、硅、锶等，这些能满足人体健康的需要，长期饮用五大连池矿泉水，对人体的胃肠、神经、血液循环和内分泌系统有一定的保健作用，因此它享有"药泉""圣水"之誉。

五大连池区域还有多种珍稀动植物，其中濒危植物 47种，有国家一、二级保护植物东北石竹、红松、红皮云杉等，更有丹顶鹤、秋沙鸭、黑熊等保护动物。

最值得一提的是生长在五大连池的各种纯天然、无公

害的野生鱼类，这里出产鲤鱼、鲫鱼、鲢鱼等。因为鱼类
生长在清澈无污染又富含矿物质的湖水中，因此肉质鲜
美，没有一点土腥味，鱼肉中还有很多对人体有益的微量
元素，真是营养又美味。

四、休眠的火山——长白山

　　你们听说过水怪吗？据说长白山的天池里就有水怪。它长着长角和长脖子，神出鬼没，并且很多人都说看见过呢！水怪的传言不知真假，但是长白山和天池却真实存在，而且这里的景色还非常优美。

　　长白山位于吉林省东南部中国和朝鲜的边界上，是两国的分界山。长白山从东北向西绵延1300多公里，山峰林立，其中最高峰——白云峰海拔2691米，是东北地区第一高峰。

　　长白山是一座活火山，在过去一万年中，长白山经历过多次火山喷发，现在的长白山火山处于休眠期。但是，在海拔2000多米的山上，有多处温泉不断从地下涌出，这表明地下仍孕育着巨大的能量。

　　火山活动给长白山带来了独特的火山地貌，也塑造了人间最美的天池。

在 15000~11000 年前，长白山火山喷发，猛烈的火山爆发使火山锥顶部崩破塌陷，形成了漏斗状火山口。随着火山喷发逐渐停止，熔岩温度逐渐降低，岩浆便在火山通道内逐渐冷凝并堵塞火山通道，火山口形成碗状。在后来的漫长岁月中，火山口内接受降水和地下水的不断补给，逐渐蓄水成湖，形成火山口湖，这就是闻名遐迩的长白山天池。

长白山天池海拔 2194 米，是世界最高的火山湖。它呈椭圆形，池水深邃清澈，似一颗明珠镶嵌在群山之中。天池周围，群峰屹立，挺拔峻峭，有的如莲花、有的似竹笋，与天池碧水交相辉映，美不胜收。民间传说天池是天上的瑶池落入了人间，也有一种说法是天上神仙的一块宝镜遗落人间化作了天池。不论是

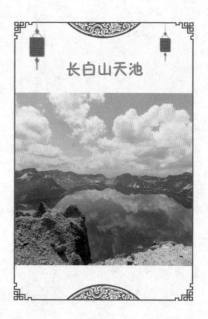
长白山天池

哪种传说，都说明了天池的宝贵和优美。天池的水顺着北侧溢出，流经乘槎河后从山峰间倾泻而下，形成了落差高达 68 米的长白瀑布，这是世界上落差最大的火山湖瀑布。

　　要想登临天池必须要经过鸭绿江大峡谷。这个峡谷是火山喷发留下的痕迹，是火山喷发时巨大的能量将地面撕裂造成的地沟。大峡谷南北长达 10 余公里，两侧悬崖峭壁、奇峰异石耸立，十分壮观。

　　聚龙温泉群是长白山的一道独特风景，上百个出水口聚集在 1000 平方米的地面上，泉水的温度可以轻易煮熟鸡蛋。温泉也仿佛时刻在提醒人们长白山这座活火山的存在。

　　长白山是一座名副其实的宝山，这里不仅有多种动植物，还出产多种矿产。这里的动物有 1000 多种，其中包括珍稀的东北虎、金钱豹等。矿产方面，长白山有煤矿、铁矿、金矿，还有有色金属矿，这些都是大自然赐予我们的宝藏。

五、草原上的明珠——呼伦湖

"达赉湖啊飘来热情的歌，欢乐的游人舞清波，翱翔的天鹅向你招手，嬉水的大雁祝你快乐。"这是一首赞颂达赉湖的歌曲，歌词描绘了达赉湖的风光以及当地人民的热情，使人不禁向往这个美丽又神秘的湖泊。这首歌中唱到的达赉湖就是呼伦湖，让我们一起了解一下这美丽的"草原明珠"吧。

呼伦湖，位于内蒙古自治区呼伦贝尔草原西部，又称达赉湖，蒙古语的意思是"像海一样的湖泊"。呼伦湖宽广荡漾，湖长 93 公里，最大宽度 41 公里，呈不规则斜长方形，是东北地区第一大湖、中国第四大淡水湖。

呼伦湖地处呼伦贝尔大草原腹地，素有"草原之肾"之称。之所以称呼伦湖为"草原之肾"，是因为它对周围环境有重要的滋养作用。

呼伦湖的水生动植物资源丰富，湖中有多种藻类、芦苇，还有鲤鱼、鲫鱼、白鱼等30多种鱼类以及河蚌、虾、螺等水生动物。优质的水源和众多的水生生物吸引了大雁、天鹅等鸟类在此生活。呼伦湖也是我国北方地区重要的鸟类迁徙通道，春秋两季，许多候鸟往返南北都把呼伦湖当作一个中转落脚点。

历史上，呼伦湖的环境一度遭遇险境。为呼伦湖补给水源的克鲁伦河发源于邻国蒙古国，因为该国沙化严重，导致克鲁伦河断流，呼伦湖没有了水源补给，湖水水位不断下降，周边的生态环境也变得恶劣。湖水中的盐碱含量上升，导致不少鱼类灭亡。

面对这种情况，国家开展了对呼伦湖的保护工作，成立了国家级自然保护区，通过重新为呼伦湖输水、封湖养鱼等举措，呼伦湖的水位上升，面积扩大，生态得到恢复。

呼伦湖风光

呼伦湖被称为"草原明珠"，源于一个美丽的传说。

据说上古时期，在蒙古族部

落里，有一对情侣。姑娘名叫呼伦，小伙子名叫贝尔。有一个邪恶的妖魔莽古斯想要统治草原，他仗着自己手里的宝贝——两颗拥有神力的碧水明珠，祸乱草原，他将河水吸干，导致牧草枯萎，牲畜死亡。他还抢走了呼伦姑娘，贝尔为了救呼伦，也为了拯救草原，一直追寻莽古斯。呼伦是个非常聪明的姑娘，她假装顺从莽古斯，然后说想要莽古斯头上的宝珠作为两人的信物。莽古斯得意忘形，便摘下一颗宝珠给了呼伦，呼伦马上把宝珠放进嘴里，自己化作了一湾碧水。莽古斯少了宝珠，魔力减少了一半。正在这时候，贝尔追上了莽古斯，一箭射中了莽古斯的心脏，并得到了另一颗宝珠。贝尔四处寻找呼伦，最终却得知呼伦已经化作一片湖泊，悲伤的贝尔于是吞下另一颗宝珠，也化作了一片碧水，陪伴在呼伦身边。这就是草原上的呼伦湖和贝尔湖。

来到呼伦湖，不仅能够欣赏到灵动的湖水，还能够感受当地的风土人情。游人可以穿上蒙古袍，骑着骏马在湖边奔驰。要是想慢慢欣赏美景，也可以选择骑骆驼或乘坐勒勒车。如果喜欢钓鱼，还可以划船到湖中垂钓。累了，就到蒙古包中休息。饿了，可以享受草原独有的美食：手把肉、炒羊肉、烤羊腿，还有湖中出产的鲜鱼。来呼伦湖，绝对不虚此行。

第四章

华东地区的
名山大川

一、五岳之首——泰山

唐代诗人杜甫在《望岳》中有这样两句诗："会当凌绝顶，一览众山小。"诗的意思是定要登上泰山的顶峰，一览周围矮小的群山。泰山究竟有何魅力让杜甫发出这样的感慨？就让我们一起来了解泰山吧。

泰山又名岱宗、东岳等，位于山东省中部，是五岳之一，又被尊为"五岳之首""天下第一山"。自古就是帝王告祭、百姓崇拜的"神山"，更是中华民族精神的象征。

天下的名山数不胜数，为什么独独把泰山尊为五岳之首？这要从一个民间传说说起。天地未分之前原本是混沌一片，有一位名叫盘古的神人，挥舞巨斧劈开了天地。盘古完成了开天辟地的大业就倒下了，他的身体化作了大地上的山川河流，泰山就是盘古的头部所化，头就是首，所以泰山就是五岳之首。

我们经常说"重于泰山""稳如泰山",为什么都和泰山相关呢？因为泰山的体量大，它横亘于泰安、济南、淄博之间，总面积达 2.42 万公顷，它的宽广给人以安稳厚重感；又因为泰山所处位置东临大海，西临黄河，周围是广阔的平原，地势低平，只有泰山崛地而起，所以显得格外高大。

泰山还是历代皇帝前来祭祀的重要场所。

自古东方就是生命起源的象征，我国的许多神话传说都与东方有关，东方的山与海似乎都有一种神秘力量，成为人们崇拜的对象。泰山位于我国的东方，过了泰山就是大海，所以泰山就成了"吉祥之山"，被赋予了众多的希望与象征。古代的皇帝还把泰山看作是权力的象征，他们常到泰山祭祀，告慰天地之恩。传

说上古的黄帝、舜帝都曾巡狩泰山。从秦朝开始一直到清朝末年，多位帝王亲自到泰山进行封禅或祭祀。有些皇帝就算不能亲自来，也要派大臣代替自己来朝拜。

　　历朝历代有数不清的名人雅士也钟爱泰山，他们来到泰山，抒发感慨，吟诗作对，留下数以千计的诗文碑刻。如孔子的《丘陵歌》、司马迁的《史记·封禅书》、李白的《泰山吟》、杜甫的《望岳》，等等。除此之外，泰山还留有宋代的壁画和彩塑罗汉像等，它们都是宝贵的历史文化遗产。

　　泰山不仅拥有深厚的文化底蕴，更有独特的风景。泰山著名的奇观有泰山日出、云海玉盘、晚霞夕照、黄河金带，其中泰山日出是登泰山必看的景观。著名诗人徐志摩曾这样描绘泰山的日出："东方有的是瑰丽荣华的色彩……玫瑰汁、葡萄浆、紫荆液、玛瑙精、霜枫叶——大量的染工，在层累的云底工作。无数蜿蜒的鱼龙，爬进了苍白色的云堆。一方的异彩，揭去了满天的睡意，唤醒了四隅的明霞——光明的神驹，在热奋地驰骋……"

　　站在泰山顶上，视野极其广阔，望着东方，一轮红日喷薄而出，照耀着风起云涌的云海，是何等壮观！

　　如果去泰山一定要爬到最高峰玉皇顶上，感受"一览众山小"的气势，脑海中浮现那些豪迈的诗句，仿佛穿越中华千年文明，与古人相约，这一定是种奇妙的感受。

二、最热情好客的山——黄山

　　"五岳归来不看山，黄山归来不看岳。"这句话的意思是看过五岳后，其他的山都比不上五岳，所以就不必再看，而看过黄山后，连五岳都不用看了。这句话赞叹了黄山的景观集天下山水之大成，可见黄山风景之美。黄山到底有什么迷人之处呢？下面我们一起去了解一下吧。

　　黄山位于安徽省南部黄山市境内，总面积约 1200 平方公里，共有 72 座山峰，主峰为莲花峰，海拔 1864 米。

　　黄山气候湿润，温度适宜，冬少严寒，夏无酷暑。由于山高谷深，形成了湿度大、降水多、云雾多的气候特点。黄山山体主要是由花岗岩构成，自然的力量在山体上留下了纵横交错的断痕和裂隙，因长期受到水流侵蚀，山中还形成了许多洞穴、孔道、峡谷，给黄山增添了不一样的风采。

黄山的原始山林中少有人烟，所以生态系统得到很好的保护。这里生长着1400多种野生植物，栖息着300多种动物，其中有不少珍稀动物和奇花异草，如国家一、二级保护动物云豹、金钱豹、穿山甲、鸳鸯，以及珍稀树种水杉、银杏等。

安徽黄山

黄山除了拥有种类丰富的动植物，还有能够代表黄山风景的
"五绝三瀑"。"五绝"分别是：奇松、怪石、云海、温泉、冬雪；"三瀑"是指人字瀑、百丈泉和九龙瀑。

黄山的第一绝便是奇松。黄山山体都是坚硬的花岗岩，可是却生长着千姿百态的黄山松。它们的根须都扎在岩石缝中，却依旧长成了苍翠挺拔的姿态。黄山松针叶短粗又稠密，枝干曲生，从悬崖峭壁伸出枝丫，怪石映衬着郁郁葱葱的奇松，形成独具中国审美的意象。

黄山松中最具代表性的就是迎客松，它屹立在黄山的青狮石旁，树高近10米，分为上枝和下枝，姿态就像是一位挥展双臂，做出"请进"姿态的主人，好像代表黄山欢迎五湖四海的游客，独具魅力，令人称奇。迎客松已经在黄山屹立了上千年，它那独特的身姿早已成为黄山的标志，成为安徽省的象征，同时也是中国人民热情好客的象征，连人民大会堂中都悬挂着《迎客松》的画作。

在黄山的香炉峰和罗汉峰之间的悬崖上，一条瀑布倾泻而下，其间九折跌宕，仿佛是九条白龙凌空而降，这就是黄山三瀑中的九龙瀑。九龙瀑是黄山第一大瀑布，长达600米，落差300米，瀑布共分九折，一折一瀑，所以得名九龙瀑。大雨之后，水量充足，九龙瀑水流翻腾，连接成一条接天及地的巨龙，吼声震天，十分壮观。

黄山除了松树和瀑布，还有温泉、云海以及雪景等奇观，它们各有特色，给人不同的视觉体验。游览黄山可以欣赏到山、水、松、云海等景观，它真不愧是集天下风景于一体的名山，难怪明朝著名地理学家徐霞客都会赞叹"登黄山，天下无山"。

三、最美的"仙山"——三清山

据说在东晋的时候，葛洪来到金沙，望见远处层峦叠嶂的山峦中有三座高峰巍然屹立，便向路人打听，路人答道那是三清山，山上曾有金光出现。葛洪听后，便急忙上山，结果在山顶看见三位鹤发童颜的老翁正在下棋，葛洪正想上前拜见，却被一只猛虎吓退，三位老者也飘然而去。从此，葛洪便在三清山定居潜心修道炼丹。三清山是一座神奇的山，接下来就让我们一起了解三清山吧。

三清山位于江西省上饶市与德兴市交界处，南北长 12.2 公里，因其独特的地质地貌和秀丽的风光被评为世界自然遗产、世界地质公园。

花岗岩是一种常见的岩石，由花岗岩构成的大山很常见，但是不同成因的花岗岩集中出现在一座山上就非常难得了。三清山就密集分布着不同成因的花岗岩地貌，这里有世界上已知花岗岩地貌中分布最密集、形态最多样的峰林，这也是三清山被评为世界自然遗产的一个重要原因。

三清山花岗岩峰林地貌景观类型主要有：峰峦、峰墙、峰丛、石林、峰柱、石锥、岩壁、峡谷和造型石景等。在三清山核心景区内，有奇峰48座，造型石89处，景物、景观384处，因此它被称为花岗岩地貌的"天然博物馆"。

三清山的女神峰是由花岗岩天然构造而成的一座奇特山峰，远远望去整座山峰就像一位盘腿端坐的美丽少女，走近细看就会发现"她"有高高的鼻梁、小小的嘴巴，长发披肩，双手托起两棵古松，仪态万方，栩栩如生，不禁令人赞叹大自然的鬼斧神工。

巨石林立的三清山

花岗岩地貌在三清山还造就了一个独特景观，那就是与女神峰相对的巨蟒出山峰，它就像一条巨蟒。在深山幽谷之中一座山峰横空出世，峰端犹如扁平的蛇头，峰腰犹如灵巧的蛇身，正昂首屹立，好像要腾空而去。当山中云雾四起时，缥缈的云雾缭绕在巨蟒出山峰周围，数座山峰仿佛有了灵性，微微摇动似乎活了一般，真令人叹为观止。

除了女神峰和巨蟒出山峰，三清山还有众多造型各异的山峰：双剑峰就像两把宝剑；老子峰就像一位专注悟道的老道人；灵龟峰好像一个巨大的乌龟正伏地休息……

三清山还拥有丰富的植物资源和震撼的气候景观。现在已知的植物有2300多种，包括苔藓、蕨类、裸子、被子植物等，还有许多名花、古树、药材，它是我国亚热带地区植物种类最丰富的地区之一。

三清山处于亚热带，降雨量充足，水量充沛，山中水流汇聚，从山涧、悬崖倾泻流出，形成了众多的瀑布景观。瀑布灵动，下有潭水碧绿澄清，这也是三清山的奇景之一。

三清山因玉京、玉虚、玉华三峰宛如道教玉清、上清、太清三位神仙列坐山巅而得名。"三清"是道教三位地位至高的神仙，他们分别是玉清元始天尊、上清灵宝天尊、太清太上老君。道教认为"三清"居住在遥远的神仙世界，道观里都要供奉"三清"塑像。

三清山之所以叫三清山，不仅仅是因为三座山峰的形态，也因为这里云雾缭绕，仿佛传说中的神仙居所。这里有延续1600多年的道教历史，更赋予了三清山丰富的文化内涵，使它成为不折不扣的道教名山。

如果想要多了解道教的文化，可以去参观三清山中的三清宫、玉灵观，观看丹炉、丹井等文物古迹，近距离感受三清山的历史和文化内涵。

四、南归秋雁宿于此——雁荡山

你们知道有一座以大雁和芦苇命名的山脉吗？那就是雁荡山。雁荡山山顶有天然形成的湖泊，湖中生长着茂密的芦苇，风吹苇动，别有一番风景。每到秋季，许多飞到南方过冬的大雁在此栖息，因此得名雁荡山。雁荡山不只有大雁和芦苇，还有许多令人称奇的美景。

雁荡山位于浙江省乐清市，总面积450平方公里，2003年被获准授牌为国家地质公园，2005年被评为世界地质公园。

雁荡山地处东海之滨，雨量充沛、气候温暖、山中树木葱郁、空气清新，是休闲度假、观光览胜之地。

雁荡山有奇峰怪石、飞瀑流泉、古洞深穴，可供观赏的景点有500多处，突出的代表有灵峰、三折瀑、灵岩、大龙湫、雁湖、显胜门、仙桥、羊角洞等，其中灵峰、灵岩、大龙湫被称为"雁荡三绝"。

灵峰是雁荡山中部的山峰，位于雁荡山东大门。灵峰上有观音洞，洞高 113 米，深 76 米。洞窟是天然形成的，就像一个大石室，洞周围的石壁上雕有观音像，洞中建有九叠阁楼。楼依照洞穴山势而建，曲折相叠，令人称奇。仰望洞顶，中间有一尺宽的缝隙，名叫"一线天"，阳光从缝隙中照射下来，更增添了石洞的神秘色彩。

灵岩是一座高数百尺、长约百丈的巨大岩石，有一道裂痕将巨岩一分为二，犹如被巨斧劈开，甚是壮观。灵岩周围群峰环立，松柏参天，千年古寺灵岩寺隐身其中。

大龙湫瀑布是雁荡山中第一瀑布，从高耸的大龙湫山上倾泻下一条白练，仿佛一条奔腾而下的白龙。大龙湫瀑布高 190 米，雨水充沛时便轰隆喷泻，少雨季节便散散落下，到下面几乎幻化为水雾。清代袁枚在《大龙湫之瀑》诗中写道："龙湫之势高绝天，一线瀑走兜罗绵。五丈收上尚是水，十丈以下全以烟。况复百丈至千丈，水云烟雾难分焉。"这描绘的就是大龙湫瀑布的美景。大龙湫瀑布也因为它多变的姿态而被称为"天下第一瀑"。

雁荡山东部沿海地区的断崖峭壁，犹如刀削斧劈，山呈半片。传说远古时期，这里本是一座山，被一条龙从中劈开，一半飞到了台湾。因此，当地有民谣道："半屏山，

半屏山，一半在大陆，一半在台湾。"绵延数千米的绝壁在这里依次展开，是全国最长的海上天然岩雕，被誉为"神州海上第一屏"。

千百年来，许多文士名流都在游览雁荡山时留下了不朽的名篇佳作。如晋朝的谢灵运，唐代的杜审言，北宋的沈括，明代的徐霞客，近现代的康有为、蔡元培、叶圣陶等，他们在此赋诗作对，留下5000多首诗、400余处摩崖碑刻，足见他们对雁荡山奇特景观的喜爱。

五、中国第一大淡水湖——鄱阳湖

明朝开国皇帝朱元璋在四处征战时，曾与最强劲的对手陈友谅进行过一场激烈的水上战斗。这次战斗持续了 36 天，最终朱元璋火攻陈友谅，取得大胜，陈友谅被乱箭射死。这场激烈的战斗就发生在鄱阳湖上。

鄱阳湖位于江西省北部，是中国第一大淡水湖，在水量充足的雨季，面积能够达到约 3300 平方公里。鄱阳湖周围有多条河流汇入，北面连接长江，对调节长江水位、改善气候、维护当地生态平衡都有着重要的作用。

鄱阳湖最早并不是湖，而是长江的一道宽阔河段。后来，河道逐渐膨大，向北边蔓延成为湖泊，因为形成的位置在古代的彭泽县附近，先秦时期鄱阳湖被称为彭泽。彭泽不断演变，后因泥沙淤塞而消失，这时在长江的南部又逐渐出现新的湖泊，并不断扩张，大约到宋朝时期，形成了鄱阳湖的大概模样。这个时候湖泊靠近鄱阳县，又有一座鄱阳山在湖中，所以它就被叫作鄱阳湖了。

夏季降雨高峰时，多条河流的河水流入鄱阳湖，长江水甚至也会"倒灌"入鄱阳湖，鄱阳湖就会水位暴涨，进而造成洪灾。所以，自古以来，鄱阳湖周围一直是防洪的重点区域。

湖水的冲击也给鄱阳湖周围带来了平坦肥沃的土地，使其成为富饶的鱼米之乡，自古就是粮食的重要产区。

周边居民的长期开垦，使得鄱阳湖周围大片的土地变为农田，减少了鄱阳湖的蓄洪空间。同时，流入鄱阳湖的河流上游的树木遭到砍伐，流入湖中的河水中泥沙含量增多，容易造成河道淤塞，加重了洪灾。每当洪水来临，湖区周围大片的农田和房屋就会被淹没，因此治理鄱阳湖迫在眉睫。我们国家采取了封山植树、退耕还林、退田还湖等举措，经过多年的努力，鄱阳湖的蓄洪量和面积得到了提升。

鄱阳湖周围有山，湖中有岛，水中有鱼，空中有鸟，来到鄱阳湖可以欣赏湖光山色、候鸟成群。

鄱阳湖中生长着许多水生植物，有苦草、眼子菜、绿藻等，这里还出产鱼虾螺蚌等水产。除了夏季的洪水期，每年的 10 月到第二年的 3 月是鄱阳湖的枯水期，这时候鄱阳湖面积锐减，水位下降，大片的滩涂裸露出来，芦苇丛生，便成了候鸟越冬栖息的乐园。

鄱阳湖水域与周围的河流区域，形成了中国乃至亚洲最大的淡水湿地。这里生活着 140 多种鸟类，水禽占大多数，其中包括国家保护鸟类白鹤、黑鹳、鹈鹕等。每年冬春季节都有各种各样的候鸟在此觅食、筑巢，成群的候鸟在空中飞翔，景象十分壮观。

六、人间天堂——西湖

"欲把西湖比西子，淡妆浓抹总相宜。"这是宋代大文豪苏东坡赞美西湖的诗句。他把西湖比作美女西施，可见他对西湖的喜爱之情。西湖既是一个自然湖，也是一个人文湖，不仅风光秀丽，而且有许多的诗词咏叹和传说故事。

西湖位于浙江省杭州市，面积为 6.5 平方公里。西湖三面环山，东面毗邻城区，南面与钱塘江隔山相望。在西湖上遥望群山，远近高低，层层叠叠。

西湖有许多非常出名的建筑，比如断桥、雷峰塔、钱王祠、净慈寺、苏小小墓等。这些建筑不仅是古代留下的文化遗迹，围绕着它们还流传着许多美丽动人的故事。

西湖的湖中共有四座堤坝，分别是白堤、苏堤、杨公堤、赵公堤，西湖被这些堤坝分割成若干个大小不等的水面，其中苏堤上的景色最好，也是西湖十景之一。

　　西湖十景最常见的说法是苏堤春晓、曲院风荷、平湖秋月、断桥残雪、柳浪闻莺、花港观鱼、雷峰夕照、双峰插云、南屏晚钟、三潭印月。

　　西湖十景之首是苏堤春晓，是指春天时，苏堤两侧的美丽景色。苏堤是北宋时期时任杭州知州的苏轼疏浚西湖时，用湖中挖出的葑草和淤泥堆砌而成。当时苏轼疏浚西湖，挖出的淤泥无处堆放，受到一渔民启发，用淤泥在湖中构筑成了一座长堤，中间留出六个水道，水道上架吊桥，既解决了淤泥的堆放问题，又

美丽的西湖

连接了南北的交通，还不妨碍湖中船只通行，真是一举三得。堤坝建成后，苏轼又让百姓在两边种上桃树和柳树，这样既能巩固堤坝，又能增添景致。后来，杭州人为了纪念苏轼的功绩，便把这座堤坝叫作苏堤。每当春天来临，堤坝两边桃红柳绿，鸟儿鸣叫，吊桥倒映，景色迷人。

　　除了苏堤春晓，西湖其他季节也有不同的景致，比如曲院风荷就是夏日荷花盛开的美景，断桥残雪就是冬天最佳的西湖雪景。

西湖中有三个小岛，风景最好、最著名的是小瀛洲岛。小瀛洲岛是一个呈"田"字形的小岛，是明朝时疏浚湖水用泥土堆积而成。小瀛洲岛上绿水掩映，景色清幽，有亭台楼阁点缀其中，著名的三潭印月就是小瀛洲岛上的景观。在岛南边的湖面上有三座石塔，石塔高 2.5 米，圆圆的塔身，塔顶呈葫芦形。每当中秋月圆，人们在塔身中放入烛火，亮光从塔身上的孔洞透出，映照在湖面上，就像一个个小月亮，此时天上的月亮也正圆，天上月和水中月交相辉映，景象迷人，令人神思飞扬。

西湖被称为人间天堂，同时也是鸟儿的天堂。西湖环山抱水、植物繁茂，因此吸引着许多鸟类在此栖息繁衍。据统计，西湖有鸟类 119 种，其中鹭鸟的数目最多，有 2 万多只。

西湖的风光也征服了历朝历代的文人雅士，他们前来游览观光，并留下了众多诗词。比如，苏轼的《饮湖上初晴后雨二首》、杨万里的《晓出净慈寺送林子方二首》、白居易的《钱塘湖春行》等，都是流传千古、耳熟能详的名篇。

七、华东屋脊——武夷山

大红袍是一种非常名贵的茶叶，不仅香气扑鼻、入口甘醇，而且还有很高的营养价值。大红袍就产自福建的武夷山，那么武夷山除了闻名天下的茶叶外，还有哪些隐藏的"宝藏"呢？接下来我们就一起去了解一下吧。

武夷山位于江西省和福建省交界处，总面积近1000平方公里，是世界文化与自然双重遗产。

武夷山是典型的丹霞地貌，这里山势高峻雄伟，海拔在1000米以上的山峰有1000多座，主峰黄岗山位于山脉北部，海拔2160.8米，因此武夷山也被称为华东屋脊。

武夷山保存了世界同纬度带面积最大的中亚热带原生性森林生态系统，几乎囊括了我国亚热带所有的原生植物。武夷山已知的植物种类有3728种，其中有许多珍稀濒危植物，比如鹅掌楸、南方铁杉等。茂密的森林中，不乏树龄达几百年的参天古树，除了观赏价值，还有很高的科研价值。

武夷山已知的动物种类有 5110 种，包括哺乳类、鸟类、鱼类、两栖类、昆虫等，尤其以两栖类、爬行类和昆虫众多而闻名于世，武夷山也被称为"昆虫世界""蛇的王国"，有许多物种是武夷山特有的，其他地方根本见所未见。

武夷山的风光也十分独特，著名的景观有九曲溪、天游峰、水帘洞、一线天等。

九曲溪，听名字就知道它是一个蜿蜒曲折的溪流。九曲溪从主峰黄岗山南麓一路蜿蜒流过武夷山的多座山峰，三弯九曲，每一曲都有不同的山水画意，颇有意趣。

天游峰海拔 408 米，悬崖耸立，壁立千丈。站在天游峰上可以看到周围群峰叠嶂，九曲蜿蜒，武夷山水尽收眼底，是一座绝佳的观赏台。天游峰也被称为"武夷第一胜地"。

武夷山的名字来源于一个传说。相传上古时期，彭祖（道教神仙）率领族人移居到闽北一带，当时这里洪水泛滥。彭祖便令两个儿子彭武和彭夷带领族人挖河堆山，疏浚洪水，最后族人得以在此安居乐业。族人为了纪念彭武、彭夷两兄弟，就把堆出的山叫"武夷山"。

当然这只是一个传说，事实上武夷山是地球亿万年地质活动的结果，它的主体都是坚硬的岩石。武夷山附近的人类活动早在三千多年前就开始了，在武夷山东部的绝壁岩洞中留存有体现古闽族丧葬文化的"架壑船棺"，这是我们国家发现的距今年代最为久远的悬棺，令人赞叹的同时，让人不禁对三千多年前的古闽族文化充满想象。

武夷山被道教尊为福地洞天。道教文化中有三十六洞天、七十二福地，皆是神仙的居所，洞天福地都是环境清幽、风景秀丽的名山大川，也成为香客信徒朝拜的圣地。

武夷山也受到佛教和儒家的青睐，自古以来就有许多禅家、学者来此修行和讲学，山中有众多宫观、寺庙、书院的遗迹。武夷山还吸引了历代文人墨客、文臣武将前来游览、隐居，他们在石崖上刻下自己的文章感悟，历经风雨，不褪颜色。

八、日月相映——日月潭

给你出一个字谜：河心蝴蝶折返飞，江边残月映远山，打一中国地名。如果你一下子猜不出来，那给你一个提示：中国第一大岛屿。你马上就会知道答案是台湾岛。台湾岛是我们国家最大的岛屿，岛上有很多美丽的风光，日月潭就是其中的代表。

日月潭位于中国台湾省阿里山以北、能高山以南，湖面海拔 748 米，湖周长约 35 公里，比西湖大三分之一左右，是中国台湾最大的天然淡水湖。

日月潭中有一个小岛，远远望去好像浮在水面上的一颗珠子，因此被叫作"珠仔屿"（现在叫作拉鲁岛）。以珠仔屿为界，日月潭被分为两部分，北半部分形状好像闪着光芒的太阳，南半部分好像弯弯的月亮，日月潭的名字由此而来。

在当地还流传着一个关于日月潭的传说。

相传三百年前，当地居民集体出去打猎，遇到一头巨大的白鹿向西北方向跑去，于是他们便紧追不舍。追了三天三夜，白鹿在一片高山密林中失去踪影。但是，人们却发现了白鹿带他们来到了一片崇山峻岭包围的美丽湖水旁边，湖水被中心的小岛分为两部分，一半如太阳，一半如月亮。他们发现这里水源充足，土地肥沃，还有广袤的森林可以狩猎，于是全族人就迁徙到这里，神鹿带领他们发现的宝地就是日月潭。

日月潭中央的珠仔屿，原为当地邵族原始母社的根据地，是邵族的圣地，邵族妇女想要成为"先生妈"（祭师），必须到岛上请示灵祖，得到灵祖的启示后，才能入门，担当起主持祭奠的责任。

猫嘣（lán）山坐落在日月潭的北面，海拔1020米，站在猫嘣山上可以俯瞰日月潭的全景。天气晴朗时，还可以观赏壮美的日出。

如果想在高空一览日月潭风光，可以搭乘缆车，在缆车上俯瞰日潭的风光。如果想选择更自由的方式游览，可以骑自行车沿着月潭的自行车道悠然游览。月潭的自行车道仅供自行车行驶，又紧贴着月潭的潭边修建，所以非常宁静优美。

日月潭除了美景，还有美食，来到这里当然要品尝日月潭的水产了。日月潭出产曲腰鱼与奇力鱼，曲腰鱼体形较大，肉质鲜美；奇力鱼是邵族人的重要食物，由于体形较小，一般油炸整鱼。除此之外，在日月潭还可以品尝潭虾、竹鸡、山猪肉等美食，感受当地的特色风味。

第五章

华南地区的秀美风景

一、最美岩溶山水——漓江

提到桂林山水的美景，大家肯定都会想到"桂林山水甲天下"这句话，其实这出自清朝诗人金武祥的一首绝句，在这句诗下面还有一句"绝妙漓江秋泛图"。桂林山水美景天下第一，其中美到极点的便是漓江的风景。我们接下来一起了解一下漓江吧。

漓江，指的是桂江上游河段，它流经广西壮族自治区东北部，全长164公里。沿江河床多为水质卵石，泥沙含量小，水质清澈，两岸多为岩溶地貌，是世界上规模最大、风景最美的岩溶山水游览区。

唐代诗人韩愈以"江作青罗带，山如碧玉簪"来形容漓江的风景，漓江的山、漓江的水都各有特点，可以概括为清、奇、巧、变四个字。

清，是指漓江水清。漓江水清到什么程度呢？有人曾夸赞"癸水（漓江水）江头石似浮"，意思是漓江水中的石头仿佛漂浮着，这充分说明了漓江水的清澈透亮。奇，是指漓江的山奇，奇峰林立。巧，是指景观巧，"仙人推磨""猴子抱西瓜"都惟妙惟肖。变，是指漓江景致变化无穷。乘船在江中顺流而下，江水蜿蜒，两岸景观不断变换，而且晴天与雨天的景致不同，白天与夜晚的景致不同，四季更是各有特点，真是变幻莫测。

象鼻山是漓江最著名的景点之一。象鼻山位于桃花江和漓江的汇流处，长 108 米，宽 100 米，高出江面 55 米。它之所以被叫作象鼻山，是因为这座石灰岩山体的外观酷似一头将长鼻子伸入江水中吸水的大象。最奇妙的是象鼻与象腿之间的那个洞，它大约形成于一万年前的地壳运动，这个圆洞形似一轮明月浮在水面，这个景观被称为"象山水月"，是桂林山水的一大奇景。象鼻山是漓江乃至桂林的一个象征，广西许多的地方特色包装都印有象鼻山的标记。

漓江的美，在于山水的倒影，而黄布倒影就是漓江山水倒影景观中的极致。在漓江画山南边，江面开阔，水平如镜，这里的水底有一块黄色的大岩石。水面波动，水底的岩石就像一块飘动的黄色布，因此这里被称作黄布滩。在黄布滩两岸分布着七个大小不一的山峰，它们俊秀挺立，仿佛七位妙龄少女。天气晴朗的时候，七座山峰倒映在黄布滩中，清澈的江水映出碧绿的山峰，江水仿佛一面从山峰底部穿过的镜子，镜子上下是一模一样的景致，江中泛舟不禁令人产生在青山顶上划过的感觉。黄布倒影可以说是漓江山水景色中最经典的代表，也是我们国家景色风光的代表之一，因此它被印刷在了人民币上，20元人民币的背面图案就是黄布倒影。

望夫山位于漓江西岸，斗米滩前面。山上有望夫石，它的形状酷似一位身背婴儿凝望远方丈夫的妇女。

传说，古代有一家三口划船到滩前，船上只剩一斗米，因为水浅，船不能前行，粮食又马上要吃完，于是丈夫便上山去找吃的，但是找了许久也没找到食物，最终心急化成了石人。妻子见丈夫久久不归，便背着孩子爬上山头寻找，看见丈夫已化成石人，伤心之下，也化成了石人。

像望夫石这样奇巧的景观在漓江还有很多，如仙人推磨，好似人正在推动巨大的石磨；螺蛳山，整座山酷似一个大青螺；龙头山像一个张着巨口的龙头；朝板山像是古代朝臣手中拿的笏板……

　　漓江山清水秀，奇峰倒影，风光旖旎，看也看不完，说也说不尽，百里漓江，百里画廊，漓江美景早已世界闻名，吸引着中外众多游客前来游览观光。

二、亚洲第一瀑布——德天瀑布

电视剧《花千骨》中，女主角一路学习技能最终拥有了最强的能力。在电视剧里，女主角花千骨学艺的地方是传说中的仙境，青山绿水，瀑布流水，环境十分优美，其中最震撼的瀑布景观的取景地就在德天瀑布。

德天瀑布位于广西壮族自治区崇左市大新县硕龙镇德天村旁，是亚洲第一、世界第四的跨国瀑布。为什么说是跨国瀑布呢？因为德天瀑布位于我国和越南的交界处，在我们国家境内的瀑布叫作德天瀑布，在越南境内的瀑布叫作板约瀑布。在两个瀑布相连之处下面的高地上，矗立着一块界碑，是中国和越南的分界线。

德天瀑布的上游是归春河，发源于广西靖西市新靖镇的鹅泉。从鹅泉流出的水流在缓缓流过中越边境74号界碑后，流向了越南境内，河水在此处叫作归春河。归春河在越南流动了一段后又折回到广西大新县硕龙镇继续流动，到德天村的时候，河水遇到断崖，奔涌的水流如同千万条白练倾泻而下，形成了一道气势磅礴的三级瀑布，这就是德天瀑布。

德天瀑布宽 100 米，分为三级，垂直高度 70 多米，年流水量约为贵州黄果树瀑布的三倍。远望德天瀑布，像千条万条洁白的绢顺着山势垂下，遇到弯折就顺势弯折，遇到断面就垂直而下，一波三折，形态十分优美。走近德天瀑布，哗哗的流水声震荡河谷，水撞击在岩石上，溅出晶莹的水花和迷蒙的水雾，阳光照射在水雾上，变幻出一道弧形的彩虹，瑰丽神奇。

德天瀑布与邻国的板约瀑布都是归春河遇到山崖垂落而成，因此这两个瀑布是姐妹瀑布。到了雨季，归春河水量充足，德天瀑布与板约瀑布连成一体，就像是紧紧依靠在一起的两姊妹。德天瀑布声势浩大，板约瀑布则婉约秀丽，姿态不同却和谐共生。

在距离德天瀑布不远处有一个边贸集镇，居住在边境的越南居民撑着大遮阳伞在集镇上摆摊设点，出售当地特色的酸奶、香烟、咖啡、木雕等商品，中国游客可以不用护照自由出入两国边界。大家如果有机会去游览德天瀑布，在欣赏完瀑布的美景后，别忘记去边贸集镇转转，感受下不一样的热闹与风情。

三、最年轻的火山岛——涠洲岛

我们的国家地域辽阔，不仅有960万平方公里的陆地，还有470多万平方公里的海域面积。在广阔的大海中分布着众多的岛屿，每个岛屿都有其独特的形状和风光。在众多岛屿中有一座最年轻的火山岛，它就是涠洲岛。

涠洲岛位于广西壮族自治区北海市北部湾海域中部，总面积25平方公里，是广西最大的一座海岛，也是我们国家地质年龄最年轻的一座火山岛。

3亿年前，涠洲岛所处的位置还是一片汪洋大海。经历数次地质运动后，海底上升为陆地，陆地沉降为海底。23万年前，涠洲岛才上升露出水面，接着又经历了多次火山喷发、地震、海啸，以及海水的不断冲刷，才造就了我们今天见到的涠洲岛。从空中俯瞰涠洲岛，它像是一条头大尾弯的鲸鱼，鲸鱼的头部近似于圆形，以沉积地貌为主，有沙堤、沙滩；涠洲岛的南半部以海蚀地貌为主，有海蚀台、海蚀柱、海蚀洞等；鲸鱼尾部有一个海湾，周围都是火山沉积岩，在海水的侵蚀下形成了众多的海蚀洞。海蚀洞崩塌后，又形成陡峭的海蚀崖。

涠洲岛全年平均气温 23℃，岛上覆盖着绿植，树木的种类有桑树、樟树、黄葛树等。后来，人工栽种了木麻黄和台湾相思树当作涠洲岛的防护林。涠洲岛的动物以鸟类为主，岛上共有鸟类 186 种，其中有 29 种为国家重点保护鸟类。

五彩滩位于涠洲岛东部的海边，退潮后大片的海蚀台露出水面，呈现五彩斑斓的颜色，就像一幅展开的神奇画卷。在五彩滩，可以同时看到海蚀崖、海蚀洞、海蚀台三种地质景观。海蚀崖高数十米，海蚀洞经过海水常年的冲刷，呈现各种奇形怪状，配合海蚀台上各种弯曲的线条，诉说着这块岛屿过往的岁月。盛夏时候的涠洲岛天气晴朗，正是观赏日出的好时节，而五彩滩就是涠洲岛观赏日出的最佳地点。日出时，太阳从海平面跃出，金色的阳光洒满海面，也洒满五彩滩的每个沟壑、每个石块，海与滩都被金色包围，景色十分壮观。

最早居住在涠洲岛上的是百越人，后来不断有其他地区的人到涠洲岛定居，外来的人员与当地居民逐渐融合，慢慢形成了如今的客家人。客家人有独特的文化与习俗，也有自己的信仰，涠洲岛上的客家人自古以来信奉海神三婆。

在涠洲岛南部的南湾港，建有一座庙宇，名叫三婆庙，里面供奉着东南沿海一带信奉的海神妈祖，而当地人称神为三婆。三婆庙外观呈赭红色，依山傍海、风景清幽，院外花草树木茂盛，庙内香火不断。人们相信三婆可以保佑出海的渔船顺风和平安，因此每逢年节或出海和返航，人们便到三婆庙进行拜祭。到了妈祖诞辰和收获季节，渔民都会举行隆重的庆祝仪式，以感谢三婆的庇佑。

除了五彩滩和三婆庙，涠洲岛还有许多独特的景观，比如石螺口，它是一个像大海螺口的海滩，上面还有各种海螺；滴水丹屏，这里常年有水滴落在五颜六色的岩层上，如同水晶帘挂，景致优美，而且这里还是观看落日的最佳地点；想要看全岛的风光，可以登上涠洲岛的灯塔，整个岛的美景都会尽收眼底。

四、赤壁丹崖——丹霞山

红色是中国人偏爱的颜色，人们在过年、婚礼、节庆时都要穿戴红色、布置红色装饰，因为在传统文化中，红色代表着吉祥、喜庆。在祖国的大地上有许多红色的自然景观，它们是天然的装饰，是中华大地上的一抹亮丽风景，它们就是丹霞地貌。在这些亮丽的风景中，丹霞山是最具代表性的。

丹霞山，顾名思义，就是以丹霞地貌为主要景观的山脉。丹霞山位于广东省韶关市仁化县，总面积292平方公里，由680多座红色砂砾岩构成。世界上有1200多处丹霞地貌，为什么只有丹霞山用丹霞地貌来命名呢？

其实并不是丹霞山以丹霞地貌来命名，应该说是丹霞地貌借用了丹霞山的名字才对。

1928年，丹霞地貌首次被发现，1939年人们才正式使用"丹霞地形"这个名词，但是关于丹霞地貌的景观早在明朝时期就有记录：每至旦暮，彩霞赫炽，起自山谷，色若渥丹，灿如明霞。至于广东的丹霞山，早在明末清初的时候就有了这个名字。但是，直到1928年，我国著名的矿床学家冯景兰在广东省的仁化县发现了这种红色砂砾岩层，并将其命名为"丹霞地形"。

丹霞山不负"丹霞"这个名称，不仅"色若渥丹，灿如明霞"，而且是世界公认的类型最齐全、造型最丰富、发育最典型的丹霞地貌地区。

丹霞地貌最典型的特点就是红色的岩石和造型各异的悬崖石壁。在丹霞山，丹霞地貌的特点被体现得淋漓尽致。

丹霞山的岩石都呈现晚霞般的红色。赤壁丹崖是丹霞山的典型景观，一片陡峭的红色悬崖绝壁，景象十分壮观。

丹霞山

丹霞山造型奇特的山峰数不胜数，有僧帽峰、茶壶峰、阳元石、拇指峰等，还有长天一线等奇观。僧帽峰就像是和尚头顶戴的帽子形状，前高后低；茶壶峰更是令人称奇，不仅主峰酷似一只大茶壶，"茶盖""茶嘴"也一一具备，而且周围还有"茶几"和"茶杯"；长天一线就像是有人将山崖劈开了一条裂缝，这条裂缝长 7 米多，高 40 多米，宽仅 1米，身处其中只能看见一线天。

丹霞山属于亚热带气候，温度适宜，空气湿润，适宜多种动植物的生长。丹霞山有各类植物近 2000 种，其中包括珍稀植物 23 种，中华水韭为国家一级保护植物。这里还生存着各种哺乳动物、鸟类、爬行类、两栖类、鱼类和昆虫，其中国家一、二级保护动物有 75 种。

丹霞山有许多风味特产，比如沙田柚、白毛茶、山坑螺等。丹霞山的沙田柚是柚子中的精品，它没有一般柚子的酸苦，味道十分甘甜。白毛茶是中国的特种名茶之一，不仅味道清香，回味甘醇，而且还具有一定的保健功效。

五、蓬莱仙境——罗浮山

"罗浮山下四时春，卢橘杨梅次第新。日啖荔枝三百颗，不辞长作岭南人。"令苏东坡一天吃三百颗的荔枝就出产在罗浮山下。当然了，罗浮山不仅物产丰富，还有迷人的风光，我们一起来了解一下吧。

罗浮山位于广东省博罗县，面积214平方公里，共有大小山峰432座，山中有瀑布泉水、洞穴石室，山上植被茂密、环境清幽，被称为"蓬莱仙境""岭南第一名山"。

罗浮山有三大特色，即奇峰怪石、飞瀑名泉、洞天奇景。

罗浮山的众多山峰，或高耸

广东罗浮山

入云，或像人像、像骆驼，各有特色。山中有 980 多处瀑布和泉水，如越三级陡坡的白水门瀑布、清澈的卓锡泉等。洞天奇景并不是指洞穴，而是道教文化中认为有神仙居住的、风景秀丽清幽的地方。罗浮山中有大洞 18 个，小洞多达几百个，这些洞天或是由山峰环抱，或是有清泉潺潺，别有一番境界，这样的洞天福地是静心修养的好去处。

这样风景优美的地方自然吸引了不少僧道儒生、名人墨客，他们在这里留下了众多的建筑古迹和名篇佳作。

华首寺位于罗浮山的西南麓，始建于唐朝开元年间，距今已经有 1200 多年的历史了。

罗浮山还有酥醪观、黄龙观、冲虚古观等历史悠久的道观，其中冲虚古观是东晋著名的炼丹家、药物学家葛洪所创建，距今已有近 1700 年的历史。葛洪曾在此居住 36 年，讲学著书，留下了《抱朴子》《金匮药方》等著作。据说葛洪在罗浮山羽化成仙，因此罗浮山成为道教的圣地。在抗日战争时期，冲虚古观还曾作为东江纵队的司令部，为这座千年古观增添了革命战斗的光辉历史。

罗浮山留下过历代著名诗人游山玩水的脚步，如谢灵运、李白、杜甫、苏轼、杨万里等，他们赞美罗浮，抒发胸臆，留下许多佳篇，现在罗浮山中的众多题词石刻就是最好的见证。

六、探险圣地——英西峰林

有些人喜欢探险，或穿越千奇百怪的地形，或钻进古老神秘的洞穴，或顺着丛林中的河流漂流而下……探险最具魅力的地方就在于各种未知的新奇景色随时可能出现在眼前。如果你们想体验这种感觉，那么就来英西峰林吧，这里能一次满足你所有的期望！

英西峰林位于广东省英德市西南，是位于谷地的一片群山峰林。这里的山峰多达上千座，其间还有众多的岩洞、溪流，是广东省最长、最密集的峰林景区。

英西峰林是喀斯特地貌，这里的地下水和地表水对可溶性岩石长期作用——侵蚀、沉淀，重力导致岩石崩塌、堆积，因此在地表形成峰林、峰丛，在地下形成溶洞、地下河。

　　到英西峰林一定要去看千军峰林。千军峰林位于英德市九龙镇西南两公里处，这片峰林中的每个小山峰，形状类似三角形，但是仔细看就会发现这些不规则的三角形全部朝一个方向倾斜，好像一个个躬身向前准备冲锋的战士。聚集在一起的"战士"既离得很近，又互不相连，朝着东南方向倾斜，就好像一支千人组成的军队，气势恢宏，千军峰林的名字也由此而来。

　　如果说千军峰林有千军万马的气势，那么英西峰林的另一处峰林——公正溪村峰林则以形态各异取胜，正所谓"横看成岭侧成峰，远近高低各不同"，每个人在峰林中，都能看到不同的造型和景象，而且公正溪村峰林还有小溪流淌，泛舟水上，人在船中，看两岸的峰林不断变化，真有一种风景看不够的感觉，因此这里也被称为"小桂林"。

　　了解了地面的峰林，我们再去看一看地下的景观。喀斯特地貌的另一大特征就是地下形成的溶洞和地下河。英西峰林最著名的溶洞和地下河相结合的景观就是洞天仙境。

　　洞天仙境是一个溪流穿山而过的溶洞，是因为流水对岩石的长期侵蚀，穿透山体而形成的。溶洞长 200 米左右，乘船顺着溪流进入溶洞，洞内都是形态各异的钟乳石，这些钟乳石是经过上万年或几十万年的时间逐渐形成的。洞中最奇异的是洞顶的两个孔洞，它们直接外部，光线穿过孔洞照射进来。溶洞中有许多喜阴的植物，它们密密麻麻地生长着，为岩洞增添了许多生机。洞中有水、有石、有景，真是别有一番天地，怪不得被称为洞天仙境。

如果想要欣赏更多的钟乳石，就一定不能错过九龙传说洞，这里的钟乳石有石笋、石柱、石瀑等形态，还有各种酷似动物的造型，活灵活现，令人称奇。

英西峰林还深受众多徒步探险者的喜爱。不仅因为这里山峰林立、溶洞众多，还因为这里有刺激的河谷漂流。

著名的老虎谷漂流位于英西峰林内，这里是全国唯一一个穿越溶洞的暗河漂流，全长 5 公里，曲折蜿蜒，水流湍急。坐上漂流橡皮艇，被重力和水流的力量推着前行，两边的怪石、山峰、树林仿佛快速后退的影像。当行进到长达 800 米的溶洞中时，又是另一番景象，千姿百态的钟乳石令人目不暇接。整段漂流有险滩，有激流，在落差大的地方，橡皮艇会加速冲过，几乎翻船，令人不禁惊呼。最后河道归于平静，橡皮艇也缓缓流动，真是有惊无险。

如果游玩累了，可以到当地的餐厅休息一下，然后好好地享受一顿当地美食。英西峰林当地著名的走地鸡，汤汁鲜美，鲜嫩可口；九龙豆腐用山泉水做成，鲜嫩味甘。此外，还有很多当地的小吃，如沙河粉、擂茶粥等。饭后，再来份当地特产砂糖橘做饭后水果，泡上一杯英德红茶慢慢品味，就更完美了！

七、椰风海韵——海南岛

"请到天涯海角来，这里四季春常在……三月来了花正红，五月来了花正开……请到天涯海角来，这里花果遍地栽。……柑橘红了叫人乐，芒果黄了叫人爱。"这首《请到天涯海角来》唱出了海南岛的美丽风光，不禁令人对瓜果遍地、充满热带风情的海南岛心生向往。

海南岛是位于中国南海西北部的一座岛屿，北面隔着琼州海峡与广东省的雷州半岛相望，西面隔着北部湾与广西钦州市和越南相望。整个海南岛好像一只巨大的菠萝，它的面积有 3 万多平方公里，是我们国家的第二大岛屿。

海南岛原本与广东省的雷州半岛是连在一起的，在数万年前，由于火山活动，导致整个岛发生了断裂，形成了琼州海峡，海南岛才与陆地分离。

在后来漫长的时间里，地质运动使海南岛的中部不断抬升，逐渐形成中间高、四周低的地形。海南岛的中间是山地，周围是丘陵，最外围是平原。

海南岛属于热带季风气候，没有明显的四季之分，只有旱季和雨季，夏秋多雨，冬春干旱。海南岛全年气温差别很小，年平均气温在 22~25℃，温度适宜，加之四面环海，空气纯净，是休闲旅游的好去处。

因为海南岛的环境适宜，所以植物种类非常丰富。据调查，海南岛有 4200 种植物，其中热带植物占绝大部分。高大奇异的热带植物遍布全岛，使海南岛呈现一片完全不同于国内其他地方的热带风光。

五指山是海南岛第一高山，位于海南岛中部，整个山体南北长 40 多公里，峰峦起伏，形状好像人的五指，因此得名五指山。五指山被誉为"动植物王国"，这里生活生长着 3 万多种动植物，其中珍贵树种有 200 多种，与恐龙同时代的桫椤树在这里分布广泛。众多植物结出的果实成为动物们的食物，五指山有

碧波万顷的海南岛

兽类、鸟类、爬行类、两栖类动物，其中有许多珍奇独特的动物，只在五指山才能见到。

亚龙湾位于海南岛南部，是一个月牙形的海湾，因其银白色的海滩、细腻的沙质、洁净的海水而闻名。亚龙湾海岸遍布郁郁葱葱的热带林木，海边银白绵软的沙滩延伸近 8000 米，海水清洁纯净，能见度达到 7~9 米，就像是透明、流动的水晶。这里的海水温度常年不低于 22℃，一年四季都可以游玩。亚龙湾海域还有保存完好的珊瑚礁，各种五彩缤纷的热带鱼游弋其中，在这里潜水是不错的选择。

天涯海角是海南岛的象征，这里因为有刻着"天涯""海角"的两块巨石而得名。到天涯海角可以欣赏到海边矗立的这两块巨石，还可以感受一下天地尽头的奇妙。

海南岛是个多民族聚居的地区，这里有汉、黎、苗、回、壮、瑶等 30 多个民族，海南岛还是我国唯一的黎族聚居区。黎族是海南岛最早的居民，他们拥有自己的文字、原始宗教信仰和独特的服饰文化与生活习俗。

海南岛物产丰富，尤其以出产众多的热带水果而闻名，菠萝、椰子、杧果、番石榴、红毛丹、榴梿、菠萝蜜……见过的没见过的、吃过的没吃过的热带水果，来到海南都可以一饱口福。除了新鲜水果外，海南岛还有众多的海鲜和特色美食可以品尝，海南人民擅长用特产椰子做菜，椰子美食是海南岛的传统美食。

海南岛有珍稀的热带动植物资源，有美丽的椰林海滩，还有热情的黎族同胞，来海南岛绝对会使你流连忘返。

第六章

西南地区的
高原风光

一、高原湿地——黄龙风景区

　　川金丝猴有蓝色的脸颊、小巧的仰天鼻，以及最具标志性的一身金色的皮毛。川金丝猴是我们国家特有的珍贵物种，是国家--级保护动物。川金丝猴对生存环境的要求非常严苛，只生活在原始森林中，四川黄龙就是川金丝猴栖息的家园。

　　黄龙风景区位于四川省阿坝藏族羌族自治州松潘县，这里是岷山山脉的南段，背靠岷山山脉的最高峰雪宝顶，面临清澈的涪江。它是我国海拔 3000 米以上唯一保护完好的高原湿地。

　　黄龙风景区的山脉陡峭雄壮，山间多喀斯特峡谷，山峰和峡谷高差在千米以上，一眼望去，磅礴雄伟的气势扑面而来。

　　黄龙风景区属于高原温带亚寒带季风气候，气候湿冷,一年中冬季漫长夏季短暂,游览的最佳时间是4—11月。

黄龙风景区以"七绝"而闻名,分别是:彩池、雪山、峡谷、森林、滩流、古寺、民俗。

黄龙沟是一个缓坡沟谷,沟内遍布乳黄色的岩石,水流从沟内流过,远远望去好像蜿蜒的黄色巨龙,黄龙沟的名字由此而来。仔细观察黄龙沟内的岩石,呈鳞状凸起,还泛着粼粼的光泽,就好像龙的鳞片一样。

这里的黄色岩石源于沉积在地表的碳酸钙华,这种现象是水中的碳酸钙过于饱和导致的。黄龙地区的高山雪水和地表涌出的岩溶水流过乱石丛生的峡谷,水流受到阻碍,水中的碳酸钙开始凝聚沉积,发育成固体的钙华。在整个黄龙沟,这样的钙化滩长达1300米,流水聚集于钙化的岩石池中,就形成了美丽的彩池。

黄龙景色

池中有各种有机物、无机物形成的钙华体,在高原阳光的照射下,呈现出斑斓的色泽,因此这些池子被称为五彩池。在黄龙像这样的彩池,多达3400多个,景色美不胜收，真不愧是黄龙第一绝！

雪宝顶是岷山的主峰，黄龙景区就在雪宝顶的北侧，雪宝顶海拔5588米，4500米以上终年积雪。山脚下植被茂密，并因为山上的雪水源源不断地流下，汇聚成多个湖泊，被称为108海。这里湖水湛蓝，草木丰茂，栖息着青羊、山鹿等动物，山中还出产贝母、雪莲等珍贵药材。

黄龙风景区内建有规模宏大的黄龙寺。据传黄龙沟的黄龙在上古时期帮助大禹治水有功，后人建立黄龙寺来纪念它。明代的黄龙寺香火鼎盛，到现在中殿和后殿建筑仍旧保存完好。每逢农历传统庙会，附近的藏族、羌族、回族、汉族等各族群众都会聚集在黄龙寺，进香朝拜。

黄龙风景区地处青藏高原向四川盆地过渡的地带，植物种类呈现南北种类混生的特征。据统计，这里有1300种植物，其中包括国家保护植物连香树、水青树、四川红杉等，还有黄龙特有植物密枝圆柏、松潘权子柏等。大熊猫最爱的食物——箭竹，在黄龙也分布广泛，这里也因此成为大熊猫的栖息地。除了国宝大熊猫，这里还生活着国家一级保护动物川金丝猴、扭角羚、云豹等。

黄龙风景区景色优美，环境纯净，是众多珍稀动植物赖以生存的家园，让我们好好爱护这个美丽的高原湿地，守护好这些野生动植物的家园。

二、国宝之家——四川大熊猫栖息地

　　圆滚滚的身体，黑白相间的皮毛，还有最具标志性的黑眼圈以及内八字的走路姿势，这就是中国特有的物种，我们的国宝——大熊猫。大熊猫在地球上已经生存了 800 万年，是行走的"活化石"，而且全世界只有我们国家才有大熊猫，这么珍稀的宝贝当然要好好保护了。下面，我们就一起来了解四川大熊猫栖息地保护区。

四川大熊猫栖息地由四川省境内的 7 处自然保护区和 9 处风景名胜区组成，其中包括世界第一只大熊猫发现地宝兴县及卧龙、四姑娘山等 7 处自然保护区，以及夹金山脉、青城山—都江堰等 9 处风景名胜区，面积超过 9000 平方公里。

四川大熊猫栖息地于 2006 年 7 月作为世界自然遗产

被列入《世界遗产名录》。

蜂桶寨国家级自然保护区位于四川省宝兴县东北部，是大熊猫的发现地。1869 年，法国传教士兼生物学家戴维来到四川，路过宝兴县邓池沟一户人家时，被挂在墙上的一张黑白相间的动物皮毛所吸引。农户告诉戴维，当地人把这种动物叫"白熊"或"花熊"。戴维从来没见过这种动物，他瞬间激动起来，因为这种动物可能是世界动物研究中的一项空白。于是戴维收集了"花熊"的标本，并送到法国巴黎博物馆进行展出，而后向全世界宣布了大熊猫的发现。

大熊猫的发现在西方国家引起了轰动，这种憨态可掬的动物吸引了一批又一批的西方探险家来到四川，他们想目睹这种神奇动物的生活方式，但是始终没能见到一只活体的大熊猫。直到 1936 年，一位名叫露丝·哈克里斯的美国人来到四川，并抓住了一只活的大熊猫幼崽，给它取名"苏琳"并带回了美国，至此西方国家才第一次见到活生生的大熊猫。苏琳被安顿在美国芝加哥布鲁克菲尔德动物园，美国民众都想看看这一来自东方的神奇物种，动物园一时人满为患，最多的一天有 4 万人来看大熊猫。但是很可惜，美国人不熟悉大熊猫的习性，苏琳只在动物园活了一年。

大熊猫从发现的那一天起，就已经是世界濒危动物了。但是，在几十万年前，大熊猫曾经遍布中国东部和南部的大部分地区。如今大熊猫只剩下不到 2000 只，而且只生活在四川、陕西等地。人类对大熊猫的捕猎以及对其生存环境的破坏是大熊猫种群逐渐减少的主要原因。所幸国家高度重视大熊猫的保护，建立了自然保护区专门保护它们。

卧龙自然保护区是大熊猫自然保护区中最大的一个。它位于四川省阿坝藏族羌族自治州汶川县西南部，总面积20 万公顷，是四川省珍稀动植物最多的自然保护区。它的主要保护对象是高山林区的自然生态系统和大熊猫等珍稀动物。

卧龙自然保护区内有动物 2200 种，其中兽类有 50 多种，鸟类 300 多种，此外还有大量的爬行动物、两栖动物和昆虫。区内分布的大熊猫约占大熊猫总数的十分之一，因此它被誉为"大熊猫的故乡"。除了大熊猫外，这里还有金钱豹、金丝猴、扭角羚、白唇鹿、小熊猫、雪豹、红腹角雉、藏马鸡、大灵猫、金雕等几十种珍稀野生动物。

在未来，卧龙自然保护区会对大熊猫进行驯养、繁育、野外放归，为大熊猫提供更先进、更优秀的保护措施，真正实现自然生态的保护，让大熊猫种群不断壮大，在中国世代生息繁衍下去。

三、蜀山之王——贡嘎山

世界上最难攀登的山峰是哪座？很多人肯定会回答珠穆朗玛峰。攀登珠穆朗玛峰确实是最具挑战性的事情之一，但是要论攀登难度，攀登贡嘎山比攀登珠穆朗玛峰的难度还要高。下面，我们一起去了解贡嘎山，仰望这座纯净高耸的雪山吧。

贡嘎山位于四川省甘孜藏族自治州东南部，"贡嘎"是藏语，在藏语中"贡"是冰雪之意，"嘎"为白色，"贡嘎"意为"白色冰山""最高的雪山"。贡嘎山海拔7556米，是四川省内最高的一座山峰，因此被称为"蜀山之王"（蜀是四川省的简称）。

贡嘎雪山所处位置纬度高，日夜温差大，山顶降水量大，海拔5000米以上的山峰终年积雪。积雪形成的冰川覆盖在山峰上，贡嘎山就以冰川而闻名。

冰川是水的一种存在形式，是雪经过一系列变化而形成的。多年的积雪，经过压实、重新结晶、再冻结成冰，逐渐积累就会形成冰川。冰川还会在重力和压力的作用下产生流动和滑动。

贡嘎山有159条冰川，其中燕子沟的1号、2号、3号冰川，贡巴冰川，巴旺冰川的冰层厚度都达到150~300米。燕子沟和海螺沟是贡嘎山间的两条峡谷，燕子沟有三条巨大的冰川，分别叫贡嘎1号冰川、贡嘎2号冰川、贡嘎3号冰川，三条冰川通体澄净，汇聚的冰窖口是当地人朝拜贡嘎山的地方。

海螺沟冰川是贡嘎山规模最大、海拔最低的一条冰川，长达14.7公里，它仿佛是从陡峭的贡嘎山上一路飞奔而下的一条冰龙。海螺沟冰川最低处海拔不到3000米，来此游览的人可以轻易地登上冰川，欣赏冰川两旁的悬崖峭壁和原始森林，还可以近距离抚摸冰川。

有人会想冰川上一定是严寒无比，去这样的地方观赏风景会被冻得瑟瑟发抖吧？其实不然，冰川上并不冷，在夏天去冰川游览，穿着单衣也不会感觉到冷，是不是很神奇呢？

贡嘎山高海拔处环境恶劣，但是在低海拔地区却是一片生机勃勃的景象。这里拥有大片的原始森林，共有4880

种植物，多种野生动物生活在其中。贡嘎山下还有许多的湖泊，它们或映衬着森林，或聚集在冰川下，清澈纯净，为雪山增添韵味。

　　贡嘎山由于长期受到冰川侵蚀，形成了如刀刃般陡峭的坡壁，坡度多大于 70 度，且山顶气候多变，这些是贡嘎山难以攀登的原因。但是，正是因为贡嘎山难以征服，才使得它独具魅力，吸引着大批世界一流的登山家前来贡嘎山一探究竟。

四、地理奇观——三江并流

我们国家幅员辽阔，广阔的国土上分布着大大小小数量众多的河流湖泊，但是只在一个地方有三条江并列流动的景象，这样的地理奇观究竟在哪里？为什么会产生三江并流呢？接下来，我们就一起去寻找答案吧。

三江并流是指金沙江、澜沧江和怒江自北向南并行奔流170多公里，这三条江均发源于青藏高原，发生并行奔流现象的区域在云南省境内。三江并流跨越了云南省的9个自然保护区和10个风景名胜区。

金沙江是长江的上游，发源于青海省唐古拉山主峰各拉丹冬雪山，穿行于川藏滇三省区之间，到四川宜宾后就被叫作长江了。

澜沧江发源于青海省唐古拉山东北部，流经中国、缅甸、老挝、泰国、柬埔寨，在越南胡志明市注入南海，是东南亚最大的国际河流，干流全长 4688 公里。

怒江发源于青藏高原的唐古拉山南麓的吉热拍格，它从青藏高原流出，进入云南省后折向南流，流入缅甸后改称萨尔温江，最后注入印度洋的安达曼海。从河源至入海口全长 3200 公里，中国部分长 2013 公里。

这三条大江在流经云南省的时候，发生了江水并流而不交汇的奇特景观，并且造就了怒江大峡谷、澜沧江梅里雪山大峡谷和金沙江虎跳峡大峡谷。

三江并流的出现与这一区域的地形地貌有关系。在这里，三条大江与四座大山相间排列，由西往东依次为高黎贡山、怒江、怒山（碧罗雪山）、澜沧江、云岭、金沙江、沙鲁里山。从空中望去，三条大江由北往南在大峡谷中并排流动，被四座大山隔开，因而形成了"四山并列、三江并流"的地理奇观。

三江并流区域为南北走向，这里成了欧亚大陆生物物种跨越南北的重要通道和栖息地，因此三江并流区域动植物资源极其丰富。这里拥有全国 20% 以上的高等植物和 25% 的动物种类，是不折不扣的"生物基因库"。

三江并流区域的 6000 多种高等植物中，有 2700 个中国特有品种，其中有 600 种为三江并流区域特有品种，包括 33 种国家珍稀濒危保护植物，如秃杉、桫椤、红豆杉等。三江并流区域内还栖息着众多的珍稀濒危动物，如滇金丝猴、羚羊、雪豹、孟加拉虎、黑颈鹤等。

2003 年 7 月，根据世界自然遗产评选标准，三江并流被列入《世界遗产目录》。我们国家在这一地区建立了 15 个不同的保护区，以确保能够全方位保护三江并流地区多样的地貌景观和多样的生态系统，保护好大自然留给人类的宝贵财富。

五、高原明珠——纳木错

提起西藏，你们首先会想到什么？是广阔的青藏高原，雄伟的布达拉宫，还是穿着藏袍的纯朴的藏族同胞？这些景物或人物已成为西藏的独特标志而被人们所熟知，但是在西藏还有这样一个地方，它隐藏在巍峨的雪山之中独自美丽，它是藏民们心中的圣地，它就是纳木错。

纳木错是藏语，意为"天湖"。纳木错湖水清澈透明，湖面呈天蓝色，就像是蓝天降到地面，因此而得名。

纳木错位于西藏自治区中部，面积 1940 平方公里，是中国第二大咸水湖。纳木错海拔 4718 米，是世界上海拔最高的大型内陆湖。它的南边和东边都是挺立的雪山，南边是冈底斯山脉，东边是念青唐古拉山脉，北边是绵延的丘陵地区。纳木错的周围是广阔的草原，它就像是一面光滑的镜子镶嵌在草原中。

纳木错地处高海拔地区，气温低，光照强烈，而且湖周围常常刮8级以上的大风。这里一年中有半年时间都是冰封期，湖面会结厚厚的冰。但是这里却是牧民喜欢的牧场，也是许多野生动植物的家园。纳木错周围是天然的牧场，长有蒿草、苔藓、火绒草等植物，全年均可放牧。每到初夏季节，气候转暖，湖水解

纳木错风景

封，成群的野鸭子飞来湖边筑巢，繁衍后代。除了野鸭，还有很多其他水禽和鸟类，像棕头鸥、斑头雁、棕颈雪雀、藏雪鸡等，它们都适应了高原严苛的气候条件，在纳木错繁衍生息。除了美丽温顺的鸟类，这里也生活着许多食肉动物，如狼、狐狸、猞猁、熊、鼬等，甚至还有稀有的雪豹。湖中还生长着高原特有的细鳞鱼和无鳞鱼，它们是由古老的鱼类演化而来，已经在湖中进化了200万年。湖区周围还出产冬虫夏草、贝母、雪莲等名贵的药材。

西藏的许多山峰和湖泊都是藏族人心目中的圣地。纳

木错就是西藏的三大圣湖之一。或许是因为纳木错海拔高，就像是位于天上的湖泊，又或许是因为湖水清澈纯净，仿佛能洗涤身心，因此被尊为圣湖。每逢当地藏历羊年，就会有成百上千的藏族同胞来到纳木错，向着心目中圣洁的湖泊朝拜。

纳木错还被称为"情人的眼泪"，这源自当地一个美丽的传说。

相传在远古时期，有位草原神名叫念青唐古拉，他和"天湖女神"纳木错是夫妻，他们养了许多的牛羊，幸福地生活在草原上。后来，他们不知怎么得罪了冬冥神。一次冬冥神发怒降下暴风雪，念青唐古拉的牛羊在暴风雪中走散了。念青唐古拉找到冬冥神决战，结果被打败了，并被打落凡间，因此失忆。他幸运地得到人间一位姑娘照顾，两个人在一起生活了很久。纳木错一直没有念青唐古拉的消息，一个人苦苦在草原等待。有一天，念青唐古拉恢复了记忆，回到曾经的家园去寻找纳木错，却发现妻子已经化作了一汪泪湖，随后念青唐古拉也化作了一座高山，永远守护在纳木错的身旁。

纳木错湖不仅纯净圣洁，还有丰富的物产，有美丽的传说，也是许多人心中的圣湖。这样一个美丽的地方，是大自然赐予我们的礼物，但愿我们都能珍惜它的独一无二。

六、热带风光——西双版纳自然保护区

你们见过大象吗？很多人肯定都会回答见过。动物园中的大象、电视里的大象、图画书中的大象似乎都是在悠然自得地散步或觅食，但实际上生活在野外的大象正面临着要灭绝的危险。在我们国家只有一个地区能见到野生的大象，那就是西双版纳。

西双版纳傣族自治州位于云南省最南端。它以神奇的热带雨林自然景观和少数民族风情而闻名于世，它也是我国的热点旅游目的地之一。

西双版纳地处热带，属于热带季风气候，全年高温，降水充沛，年平均气温在21℃以上。

热带雨林是一种常见于赤道附近的森林生态系统，最突出的特点便是拥有极茂盛的树木、藤本植物、附生植物和丰富的动物种类。热带雨林系统拥有强大的稳定性，它还具有调节气候、防止水土流失、净化空气、保证地球生物圈有序循环等重要作用，对整个地球具有重要的意义，所以保护热带雨林是全世界人民共同的责任。

西双版纳拥有大面积连片的热带雨林，是中国热带生态系统保存最完整的地区。全州有 70 万亩热带原始森林，这里有植物 5000 多种，动物 4400 多种。

在西双版纳，有专门的热带雨林自然保护区，它的面积为 242500 公顷（由勐腊、尚勇、勐仑、勐养、曼稿五大片组成），目的是保护特有的热带季节性雨林、多样的物种及珍稀动物。

在西双版纳自然保护区内，高大的乔木是森林的主体，这些树木茂密而层次结构复杂，在 100 平方米的地面上，竟然就有 60 多种乔木。在保护区中，国家重点保护植物有望天树、版纳青梅、大叶木兰、红椿、桫椤等。密林中栖息着多种动物，其中亚洲象、兀鹫、白腹黑啄木鸟、金钱豹、印支虎属世界性

西双版纳林间村落

保护动物，被列为国家重点保护动物的多达 109 种，如野

牛、绿孔雀、巨蜥、蟒及仅产于当地的羚鹿等。

西双版纳自然保护区内有我国最大的野生亚洲象种群。亚洲象是亚洲现存最大的陆生动物，它的身高可达到3米多，体长可达到6米，体重有3~5吨。亚洲象繁育率低，且因为它们美丽的象牙而经常遭到偷猎者的捕杀，因此种群数量下降极快。野生亚洲象在我国仅存于云南南部地区，数量也十分稀少。

我们国家很早就开始了对亚洲象的保护工作，也一直在克服重重的困难，比如经费不足、人象矛盾等。保护工作虽然艰难，但是却有人一直在为这种温顺的庞然大物能够获得更好的生存环境而坚守，让我们向他们致敬，也为亚洲象祝福，愿它们在西双版纳这片乐土上一直繁衍生息。

第七章

西北地区的
壮美苍凉

一、中国第一大沙漠——塔克拉玛干沙漠

沙漠指的是地面完全被沙所覆盖、干旱缺水、植物稀少、空气干燥的地区。在我们国家有大约 70 万平方公里的沙漠，其中西北地区就占了 80%。沙漠自然条件严苛，荒无人烟，但也别有一番风景。

塔克拉玛干沙漠位于新疆塔里木盆地中心，是我国最大的沙漠，也是世界第十大沙漠，同时也是世界第二大流动沙漠。整个沙漠东西长约 1000 公里，南北宽约 400 公里，面积达 33.76 万平方公里。

塔克拉玛干在维吾尔语中意思是"地下的城市"，传说它是因受到诅咒而被淹没在沙漠之下的城市。

塔克拉玛干沙漠因为荒凉的地表、极少的降水和巨大的昼夜温差，也被称为"死亡之海"。塔克拉玛干沙漠在夏季的时候，最高温度能达到 67.2℃，没有任何遮挡的阳

光直接照射在沙漠上，沙子表面的温度能达到 70~80℃，夜晚气温则骤降 40℃以上，简直就是冰火两重天。冬季最低温度一般在−20℃以下，寒冷刺骨。塔克拉玛干沙漠全年有三分之一的时间都在刮风，大风肆无忌惮地吹向沙丘，黄沙漫天。

在塔克拉玛干沙漠全年降水量最低只有四五毫米，而蒸发量却高达 2500~3400 毫米，这使得塔克拉玛干沙漠极度干燥。

极端的环境使得塔克拉玛干沙漠植被非常稀少，只在沙丘之间的凹地或靠近地下水源的地方才会生长稀疏的柽柳、硝石灌丛和芦苇，其他地方全是一片寸草不生的沙丘。但是，在沙漠的边缘，沙丘与河谷相遇的地带，又是另一番景象了。这里密集地生长着胡杨、胡颓子、骆驼刺、蒺藜及猪毛菜，这些树林和灌木丛中还生活着野猪、野马、野兔、狼、啄木鸟等动物，这水草丰茂的景象与荒凉的沙漠形成强烈的对比。

在流经沙漠的和田河两岸，生长着呈条状的植物带，好像塔

克拉玛干的一条绿色腰带。

塔克拉玛干虽然被称为"死亡之海"，但是又有着独一无二的壮美风景。

如果乘车进入沙漠，就像进入一片沙子的海洋，起伏的沙丘仿佛是掀起的层层波浪，人在巨大的沙海中行进，眼前只有浩瀚无边的黄沙，不禁有一种人在天地间渺小如蝼蚁的感受。秋季，和田河两岸的胡杨叶子全部变成金黄色，遒劲的枝干与金黄的树叶和万里无云的蓝天倒映在河水中，有一种极致的苍凉与美感。

塔克拉玛干沙漠曾经有过辉煌的历史，古丝绸之路由此经过，如今黄沙的下面还埋藏众多古代文明，等待着我们去慢慢发掘和探索。

二、海拔最高的保护区——可可西里

　　电影《可可西里》改编自真人真事，讲述的是巡山队员在可可西里保护藏羚羊、追捕盗猎分子的故事。电影中，高原上壮阔荒凉的景观、被猎杀的藏羚羊以及巡山队员的坚毅给人留下了深刻的印象。接下来我们就一起去了解一下保护藏羚羊的可可西里自然保护区。

　　可可西里国家级自然保护区位于青海省玉树藏族自治州西部，总面积450万公顷，是我国建成的面积最大、海拔最高的自然保护区之一。

　　可可西里自然保护区是横跨青海、新疆、西藏三省区的一块高山台地，它西与西藏相接，北和新疆相连，除了南北边缘是高山，其余广大地区为中小起伏的山地和高海拔丘陵、台地和平原。

　　可可西里木本植物极少，基本以矮小的草本和垫状植

物为主，整个保护区是一片广阔的草原和荒漠景象。这片
贫瘠、广袤的土地因为海拔高、氧气少、气候恶劣、食物
短缺、不利于隐蔽等原因，导致在这里生活的动物很稀
少，只有30多种哺乳类动物、56种鸟类、4种鱼类和1
种爬行动物。其中，藏羚羊、野牦牛、野驴、白唇鹿、棕
熊等是青藏高原上特有的野生动物。

藏羚羊是可可西里的重点保护动物之一。它体长一般
在135厘米左右，身披淡棕褐色的皮毛，雄性头上长着细
长的角。藏羚羊栖息在海拔4600米以上的荒漠草甸中，
喜欢靠近水源的平坦草滩，善于奔跑，拥有矫健优美的
体态。

可可西里自然保护区的平均海拔在4600米以上，是
典型的高寒气候，干旱寒冷，大风呼啸。平原地区的人进
入这里，一般都会感觉不适，甚至会出现高原反应。高原
反应也叫高山病，是人在急速进入海拔3000米以上的高
原、暴露在低压低氧的环境后产生的反应，一般表现为头
痛、失眠、食欲减退、疲倦、呼吸困难等。

生活在这里的藏羚羊为了适应环境进化出了许多特殊
的本领，比如为了快速呼吸，它长有宽阔的鼻子，鼻子里
面还有一个小囊帮助呼吸；为了增加血液的输出量，进化
出超大的心脏；为了御寒进化出厚实细密的绒毛，保暖性

极好。也因为这身绒毛，为藏羚羊招来了杀身之祸。

藏羚羊的绒毛非常细，用它制成的"沙图什"披肩轻柔保暖，受到国际上名媛贵妇的追捧，能够卖得高价。因此一些人为了追求利益，就将枪口对准了藏羚羊，猎杀它们获取羊绒。因为大量的偷猎，藏羚羊的数量急剧下降，一度濒危。

西藏可可西里

我们国家为保护藏羚羊做出了许多的努力，比如建立藏羚羊自然保护区，严厉打击非法捕杀，加强法制宣传，保护藏羚羊栖息地等。这些努力没有白费，最新的统计数据表明，藏羚羊的种群数量已经恢复到了 30 万只以上，这真是一个可喜可贺的好消息。

三、距离海洋最远的山脉——天山

"我们新疆好地方啊，天山南北好牧场，戈壁沙滩变良田，积雪融化灌农庄……葡萄瓜果甜又甜，煤铁金银遍地藏……"这是新疆的一首著名民歌，赞美了美丽的新疆。新疆有很多美丽的风光，我们从哪里说起呢？还是先从天山说起吧。

天山，世界七大山系之一，全长2500公里，横跨包括中国在内的数个国家，是世界上最大的独立纬向山系（指不和其他山系相连的东西走向的山脉），也是世界上距离海洋最远的山系。

天山在我们国家境内的长度为1700多公里，横跨新疆维吾尔自治区，约占新疆三分之一的面积，最高峰托木尔峰，海拔7443米。天山山脉为新疆南北分界线，天山北麓多牧场，南部则是沙漠和绿洲。

天山属于温带干旱气候，一年分为明显的冷、暖两季，同一山坡降水量自西向东逐渐减少，天山北坡降水量总体大于南坡。天山的气温随海拔高低起伏而变化，山脚下夏季炎热，天山腹地终夏有霜，高海拔地区温度极低，天山海拔4000米以上的地区终年被冰雪覆盖，并发育出近7000条冰川。

在天山北麓海拔较低的地区分布着由枫树、白杨树和野果树组成的森林，其他海拔3000米以下的地方分布着辽阔的草原。

天山山脉还是许多河流的源头，比如中国最长的内陆河——塔里木河。在这些河流的两岸有无数的绿洲，出产闻名全国的新疆瓜果：吐鲁番的葡萄、哈密瓜，库尔勒的香梨，阿克苏的苹果……这些河流为新疆干旱的土地带来了生机，也是许多生物的生命源泉。

生活在天山的动物主要有哺乳动物和鸟类，哺乳动物包括狼、狐、鼬獾、雪豹、山羊、野猪、熊等；鸟类包括山鹑、鸽、高山红嘴乌鸦、金雕、秃鹫、喜马拉雅雪鸡等。

在天山博格达峰北坡的山腰，因为冰蚀等作用形成了美丽的高山湖泊——天山天池。传说天山的天池就是瑶池，是王母娘娘和众多神仙举行蟠桃会的地方。天山天池的风光也确实超凡脱俗，水质清澈，风景如画。

天山还有丰富的矿藏，如石油、天然气、煤、有色金属等，真如歌曲中唱的那样，新疆是个好地方，新疆的天山也是个好地方。

四、最大内陆湖——青海湖

在青藏高原的东北部，群山环绕之中有一个巨大清澈的湖泊，湖畔是大片的草原，天上群鸟飞翔，水中鱼儿游弋，这便是被藏族人称为"措温布"（意为青色的海）的青海湖。

青海湖位于青藏高原东北部，青海省境内，是我国最大的内陆湖。青海湖湖面海拔为 3193.92 米，东西长，南北窄，呈不规则的梨形，周长大约 360 公里。根据监测，青海湖的面积在持续扩大，到 2022 年 3 月青海湖的面积为 4625.6 平方公里。

青海湖是一个咸水湖，但在它最初形成的时候却是淡水湖，这是怎么回事呢？在 200 万~20 万年前，地质运动造成地面断陷，青海湖所在的地区下陷，周围的山体上升，湖体逐渐形成。那时气候温和多雨，而且青海湖还有不断流入的淡水，后来外流的河道被堵塞，湖底的矿物质长期受到侵蚀，不断溶入水中，加上气候变干，蒸发加剧，湖水逐步咸化，青海湖就变成咸水湖了。

关于青海湖变咸水湖还流传着一个美丽的传说。

传说青海湖最初是一眼神泉，天上的二郎神被孙悟空打败后，逃到了青海湖。他支起三块石头准备烧水做饭，他刚往锅里撒了一点盐，想起取完水忘记了盖上神泉盖子，此时泉水早已经大量涌出，变成一片汪洋，他情急之下抓起一座山压在神泉上面。这山和他支起的三块石头便成了现在青海湖中的海心山和三块石，湖水也因为那把盐而变咸了。

现在青海湖周围有大小河流 70 多条，它们是青海湖水源的主要来源，布哈河是其中最大的一条河，也是青海湖中的鱼类回游产卵和鸟类集中的地方。

青海湖是鸟类的家园，据统计，青海湖的鸟类达到 222 种，总数有十几万只，其中大部分是候鸟。青海湖是夏候鸟繁殖数量最多的地区，在这里可以看到上万只的斑头雁、棕头鸥、鱼鸥、鸬鹚，或飞翔在空中，或栖息

青海湖

在湖中的岛屿上。这里还是国家一级保护动物黑颈鹤的繁殖地。

青海湖周围还活跃着许多小动物，其中普氏原羚（又名滩黄羊）是珍稀濒危物种之一，全世界只有青海湖还能见到这种动物。

青海湖虽然是咸水湖，但湖水中依然有众多的鱼类。其中最主要的鱼类是青海湖裸鲤。裸鲤因为富含脂肪，口味鲜美，深受人们喜爱。早些年因为捕捞强度过大，导致青海湖中的鱼类资源急剧下降，近些年为了恢复青海湖的生态系统，政府实施了封湖育鱼的政策，目前裸鲤的数量大幅增加。

五、天然滑沙场——沙坡头自然保护区

如果有人对你说，沙子会唱歌奏乐，你肯定会说："怎么可能？"但是，这种现象是真实存在的，鸣沙山就有会发出响声的沙子，而在宁夏的沙坡头就有这样一座鸣沙山。

沙坡头鸣沙山位于宁夏回族自治区中卫市沙坡头区境内的腾格里沙漠的边缘。沙丘呈新月形，高100多米。当人从百米高的沙山上往下滑落时，便会听到类似钟鼓的雄壮之声，这便是被称为中国四大鸣沙之一的沙坡鸣钟。

鸣沙其实是一种自然现象。世界各地都有鸣沙，只是沙子发出的声音各有不同。例如，敦煌鸣沙山会发出呜呜的响声，类似管弦乐器发出的声音。

沙子会发出声音，十分神奇，因此围绕鸣沙山就有了许多传说。

相传沙坡头这个地方以前叫阳朔城，在某一年的正月十五，阳朔城中张灯结彩，锣鼓喧天，城中的百姓都在赏灯闹元宵。突然之间狂风大作，飞沙走石，整个阳朔城被黄沙掩埋。现在沙子下面之所以会发出类似钟鼓的响声，就是当时阳朔城中的锣鼓声。

沙子之所以会鸣叫，其实是因为受到了各种气候和地理因素的影响。沙粒被风吹动或震动，在气流当中旋转，因沙粒表面有孔洞，所以风穿过就会发出呜呜的声音，原理类似于抖空竹发出的响声。

宁夏沙坡头国家级自然保护区不仅有鸣沙山，还有大漠、黄河、高山和绿洲。

沙坡头保护区是为保护沙漠生态而设立的，主要保护对象有自然沙漠景观、天然沙生植被、野生动物、明代古长城、沙坡鸣钟等自然景观及人文景观。沙坡头处于宁夏回族自治区的西端，北面是腾格里沙漠，南临黄河，是黄河的前套之首，因此这里的水土保持、环境保护具有重要意义。

黄河从沙坡头流过，大量河水渗入地下，形成含水量丰富的水层，在低洼的地方，地下水渗出，就形成了沼泽。河流、湖泊、沼泽与生活在这里的动物和生长在水边、水中的植物共同构成了一个完整的湿地生态系统。湿地具有控制洪水、减少温室效应、改善污染环境等重要作用，因此保护好这里的生态系统十分必要。

来到宁夏沙坡头，不仅可以在我国最大的天然滑沙场感受滑沙的乐趣，还可以骑骆驼穿越腾格里沙漠，近距离感受黄河水车、羊皮筏子等古老文化，并且能欣赏到"大漠孤烟直，长河落日圆"的壮美风光。

六、沙漠第一泉——月牙泉

传说唐三藏去西天取经，还没遇到三个徒弟之前，走到了敦煌的沙漠之中，饥渴交加，奄奄一息。这时，观音菩萨及时出现，从玉净瓶中滴出一滴水，落地后化为清澈的泉水，唐三藏因此得救。这泉据说就是月牙泉。

月牙泉位于甘肃省敦煌市西南 5 公里的鸣沙山北麓，东西长 242 米，泉水东深西浅，最深处约 5 米，形状酷似一弯新月，因而得名。

提到月牙泉就不得不说鸣沙山。鸣沙山是一座沙子聚成的山，东西长 40 多公里，主峰海拔 1715 米。鸣沙山就像是一个伸开臂膀的巨人，将月牙泉环抱怀中。鸣沙山地势特殊，吹向沙山的风使得沙子不向下滚落，而是向上滚动，这也是月牙泉处于鸣沙山脚下，却始终不被黄沙掩盖的原因。

月牙泉在四面流沙的包围中，千百年来却不枯竭、不
浑浊，风吹沙不落，有诗赞叹道："晴空万里蔚蓝天，美
绝人寰月牙泉。银山四面沙环抱，一池清水绿漪涟。"月
牙泉的这般美景被称为"月泉晓澈"，是敦煌著名的八景
之一。

月牙泉与鸣沙山就像是一对相互依偎的姐妹，鸣沙山
守护着月牙泉，月牙泉也一直映照着鸣沙山。沙水共生，
山泉相依，成就了"沙漠第一泉"。

月牙泉的形成是多种因素巧合塑造的奇观。首先是这
里的地下有较高水位的地下水，并且源源不断；其次是泉
水所处的地形要低洼，地下水才能渗出；最后是鸣沙山的
环抱以及沙不落水。这些条件汇聚在一起实在是不易，所
以再没有第二处这样的风景了。

月牙泉存在千年而不干涸，早在汉代时就是著名的风
景名胜。清代的时候，月牙泉的水面面积很大，水也很
深，据说上面能跑大船。20世纪初，这里的泉水还极深，
并且水草丰茂。从20世纪70年代的垦荒造田开始，月牙
泉就开始急剧萎缩，水深一度不足1米，面临枯竭危险。
究其原因，是周边植被遭到破坏，水土流失导致地下水位
急剧下降，使得月牙泉失去了水源补给。后来人们采取紧
急补救措施，及时给月牙泉补水，水位终于有所回升，面

积也有所扩大。

　　敦煌曾是丝绸之路的必经之处，而敦煌这汪美丽的月牙泉也曾经见证了繁华与历史。但是，这一切在今天都已归于平静，沧海桑田，只有月牙泉依旧在沙海中静静地闪着波光，继续见证着历史。